船體解剖圖

船舶內部大解密！

PUNIP cruises
中村辰美／插圖、內文

前言

感謝您執起本書。

在港邊或在海上能看到支撐日本經濟的大小各異的船隻，各位是否好奇那些船的裡面到底長什麼樣子呢？

就算登上客船或渡輪，但身為一名乘客能前往的區域只有公共空間和自己的房間而已，駕駛船隻的掌舵室、引擎所在的輪機室、船長室等處是無法造訪的。

更別說一般人無法搭乘的貨船、拖船或調查船等等，這些船的內部若不參加偶爾才舉辦的特別公開活動，更是難以窺見其真面目。

雖然這世上存在許多被稱為「交通工具」的運輸設備，但沒有哪一種跟船一樣，能在內部度過包含食衣住行等一切要素的生活，甚至在船上形成了以船長為頂點的小型社會。

在本書中，我將透過宛如切開船舶表面的解剖圖，為各位解說船這種特別的交通工具。

各位準備好一窺神秘面紗底下的船舶世界了嗎？

[注意]

除了過去曾經存在的2艘船之外，其他船的解剖圖繪製的皆是執筆當下2021年（令和3年）8月各艘船的狀態。

各問艙室、家具設備、艤裝、機械等結構的配置、數量、顏色等都只是想像圖，並不是真實準確的。此外，以上這些結構原則上採用每艘船各自使用的名稱，不過掌舵室（艦橋）、煙囪、廚房（調理室）則統一名稱。

為避免讀者感到困惑，在本書中即使是新船也全部統一用馬力來標記主引擎的功率，但惟有電動船的引擎（發電機）標記為千瓦kW。

第1章 乘坐的船

第2章 工作的船

第3章 學習、調查的船

海王丸（第2代）

第4章 觀賞的船

宗谷

船體解剖圖

CONTENTS

第1章

乘坐的船

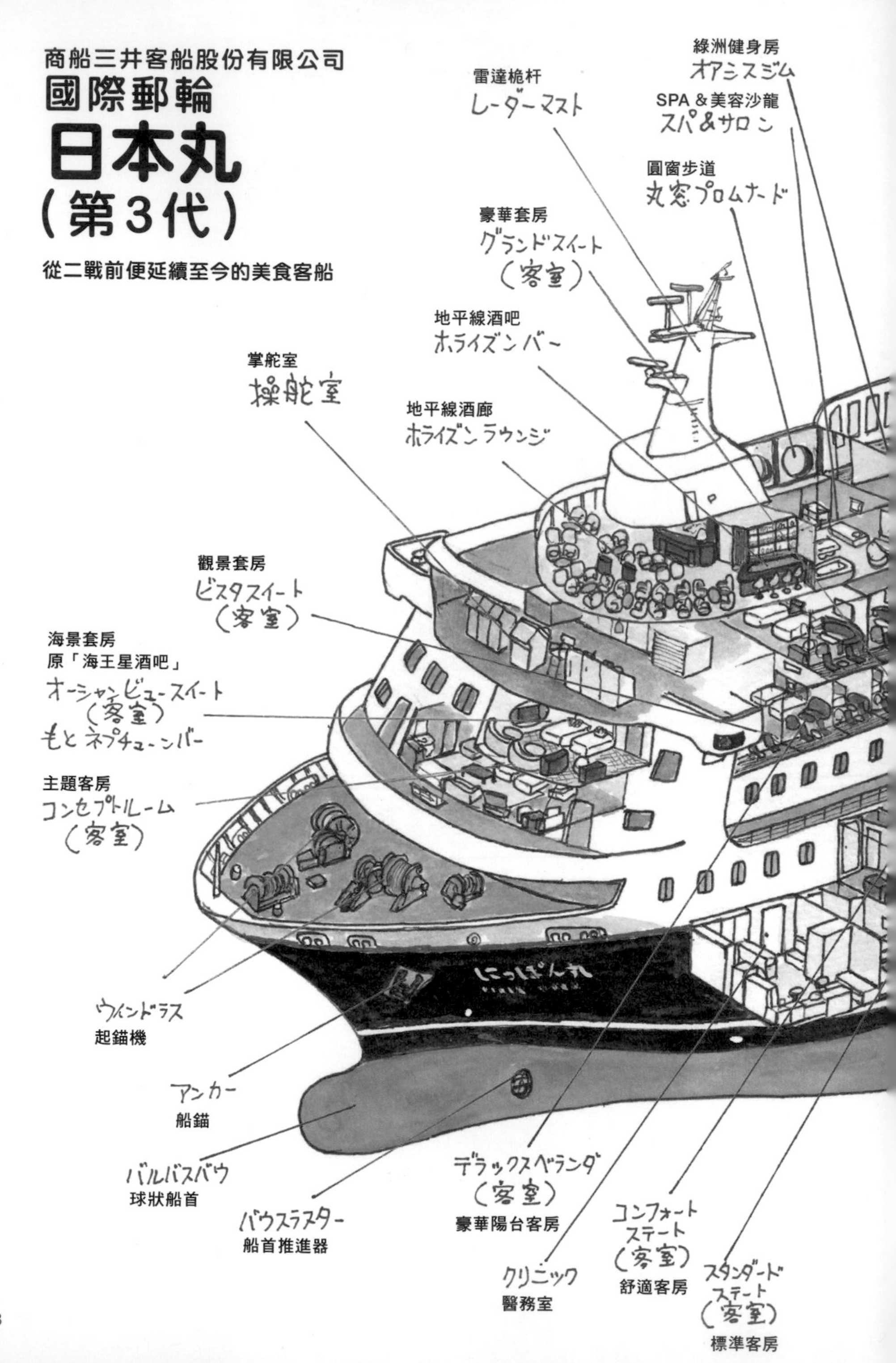

商船三井客船股份有限公司
國際郵輪
日本丸
（第3代）
從二戰前便延續至今的美食客船
綠洲健身房
オアシスジム
雷達桅杆
レーダーマスト
SPA & 美容沙龍
スパ&サロン
圓窗步道
丸窓プロムナード
豪華套房
グランドスイート
（客室）
地平線酒吧
ホライズンバー
掌舵室
操舵室
地平線酒廊
ホライズンラウンジ
觀景套房
ビスタスイート
（客室）
海景套房
原「海王星酒吧」
オーシャンビュースイート
（客室）
もとネプチューンバー
主題客房
コンセプトルーム
（客室）
ウインドラス
起錨機
アンカー
船錨
バルバスバウ
球狀船首
バウスラスター
船首推進器
デラックスベランダ
（客室）
豪華陽台客房
クリニック
醫務室
コンフォートステート
（客室）
舒適客房
スタンダードステート
（客室）
標準客房
にっぽん丸

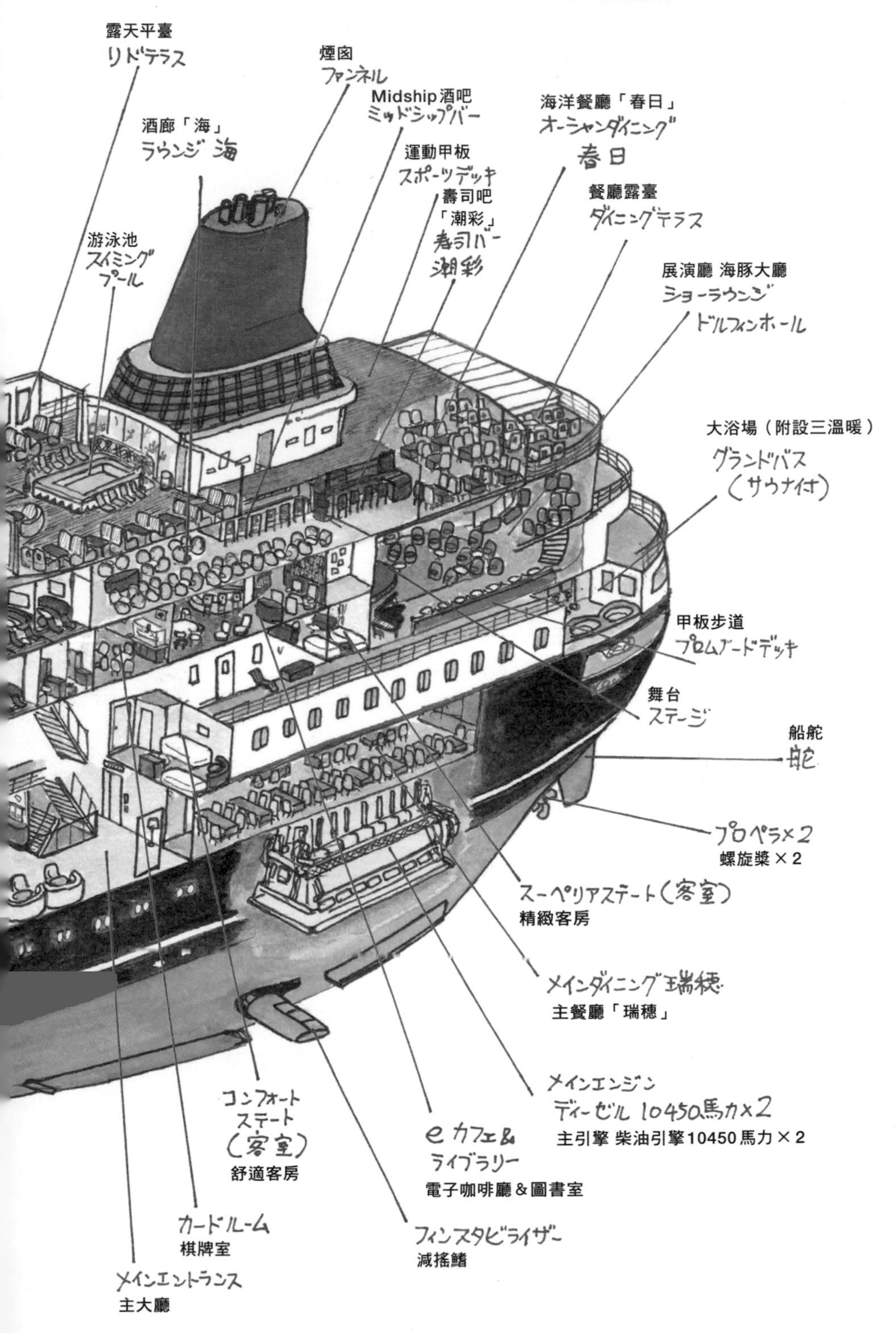
露天平臺
リドテラス
煙囪
ファンネル
Midship酒吧
ミッドシップバー
海洋餐廳「春日」
オーシャンダイニング
春日
酒廊「海」
ラウンジ海
運動甲板
スポーツデッキ
壽司吧
「潮彩」
寿司バー
潮彩
餐廳露臺
ダイニングテラス
游泳池
スイミング
プール
展演廳 海豚大廳
ショーラウンジ
ドルフィンホール
大浴場（附設三溫暖）
グランドバス
（サウナ付）
甲板步道
プロムナードデッキ
舞台
ステージ
船舵
舵
プロペラ×2
螺旋槳×2
スーペリアステート（客室）
精緻客房
メインダイニング瑞穂
主餐廳「瑞穗」
メインエンジン
ディーゼル 10450馬力×2
主引擎 柴油引擎10450馬力×2
コンフォート
ステート
（客室）
舒適客房
eカフェ&
ライブラリー
電子咖啡廳＆圖書室
カードルーム
棋牌室
フィンスタビライザー
減搖鰭
メインエントランス
主大廳

從郵輪黎明期承襲至今的美好傳統

雖然一般認為船舶的壽命約為十幾年至二十年左右，不過用途特殊且船內維護得當的郵輪不論大小，都能夠運行相當久的時間。

日本僅有的3艘國際郵輪中，這艘日本丸跟飛鳥2號自建造起至今都已超過30年，但看起來仍然光亮如新；而即使是最晚建造的太平洋維納斯號，到現在也已在海上航行了23年。

日本丸在11年前曾經過一次重大翻修，使內部裝潢看起來幾乎像是另一艘船；船隻採取延命措施對像我這樣的經典客船粉絲來說實在是相當令人高興的一件事，而且相較於大多數客船在大改造後往往變得比原始版本更醜，日本丸卻成功脫胎換骨、煥然一新，可以說是相當罕見的例子。

日本丸是以同為商船三井客船旗下的富士丸為基礎所建造，並將用途轉為個人休閒用的郵輪，然而因為富士丸原本的建造目的是提供企業或團體的包船旅遊，所以日本丸上附有陽台的艙房很少（建造當時完全沒有），船內的公共艙室配置也相當難懂，擁有許多古老船隻上才能看到的缺點，但也正因如此日本丸能給人樸實沉穩的安心感，讓人彷彿置身於觀光地的高級老舖溫泉旅館中。

多樣化的艙房與天下第一的餐點

日本丸有著相當多樣的艙房類型，從1晚20萬日圓以上、房間面積達到79㎡並配有私人管家的最高級豪華套房，到

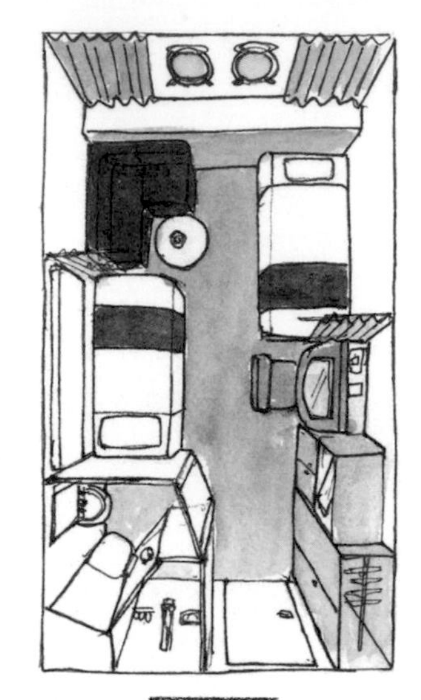

標準客房

位在距離吃水線最近的1F甲板，面積為14㎡，是價格最低的客艙。比這高一級的舒適客房則採用方形窗戶。2種房型都使用可收納的二段式床鋪，最多可供3人住宿。

上圖般在現代郵輪中幾乎可稱得上瀕危物種的最下層圓窗房，任何房型都一應俱全。我特愛這種狹窄的客房，從設計古典的厚重玻璃窗往外欣賞浪花飛散的模樣，有種自己化身成船員搭乘經典老船的興奮感，這實在是無比幸福的時光。另外如果搭乘的是日籍郵輪，即使只是3人1房的旅遊方案通常也給人昂貴的印象，不過日本丸的話，如果選擇的是短期方案也能以平實的價格享受郵輪旅遊。

當然說是這麼說，每人1晚還是要價4～5萬日圓，跟外籍郵輪比起來還是比較貴⋯⋯。

航程中所有餐點也已包含在行程費用中；除了平時已經頗為高級的三餐外，在頂層甲板泳池旁的露天平臺上可以品嚐黑毛和牛的漢堡與熱狗，甚至還有宵夜可以享用，每一種餐點都美味得令人難以置信。

在露天平臺上還提供GODIVA的巧克力飲料「Chocolixir」的喝到飽服務，這在街上可是1杯600日圓以上的飲品，簡直是甜食愛好者的福音！可惜的是酒類除了出港時贈送的歡迎酒外全部都需要付費。

我曾有一次在高等艙房優先的海洋餐廳春日享用晚餐的經驗，那高級食材的用量與美味程度實在是不得了，以至於我還擔心起「待在郵輪上幾十天都吃這種料理，難道肚子不會直接多一層脂肪嗎？」這種與自己毫不相干的問題。

當然，為了避免這類問題，頂層甲板上還設有步道以及配備各種訓練器材的健身房。不過懶惰的我嘛……應該是不會去運動吧。

正統郵輪旅遊的醍醐味

在航行中，船上任何地方都有表演者提供各式表演，或舉辦文化講座、遊戲大賽等各種活動，完全不用擔心會過得無聊。

不過對我來說，我覺得郵輪最棒的樂趣是能夠欣賞莊嚴的日落與日出、滿天星空、以及海上彼此交錯的船隻、遠方美麗的島嶼，也因此我平時不太參加這類活動。

包含這艘日本丸在內，太平洋維納斯號、飛鳥2號等日籍郵輪目前主要都設定為國內航程，所以當然不需要護照，也能選購多種一晚或三天兩夜等方便取得休假的短期旅遊行程。

飛鳥2號曾是日本郵船系統的美國客船，能體驗歐美的正統郵輪風格；太平洋維納斯號最為年輕時尚，氣氛親民休閒。這些郵輪不論哪一艘都有自己的獨特性格，各位不妨依照自己的喜好，試著上船看看郵輪旅遊的樂趣所在。

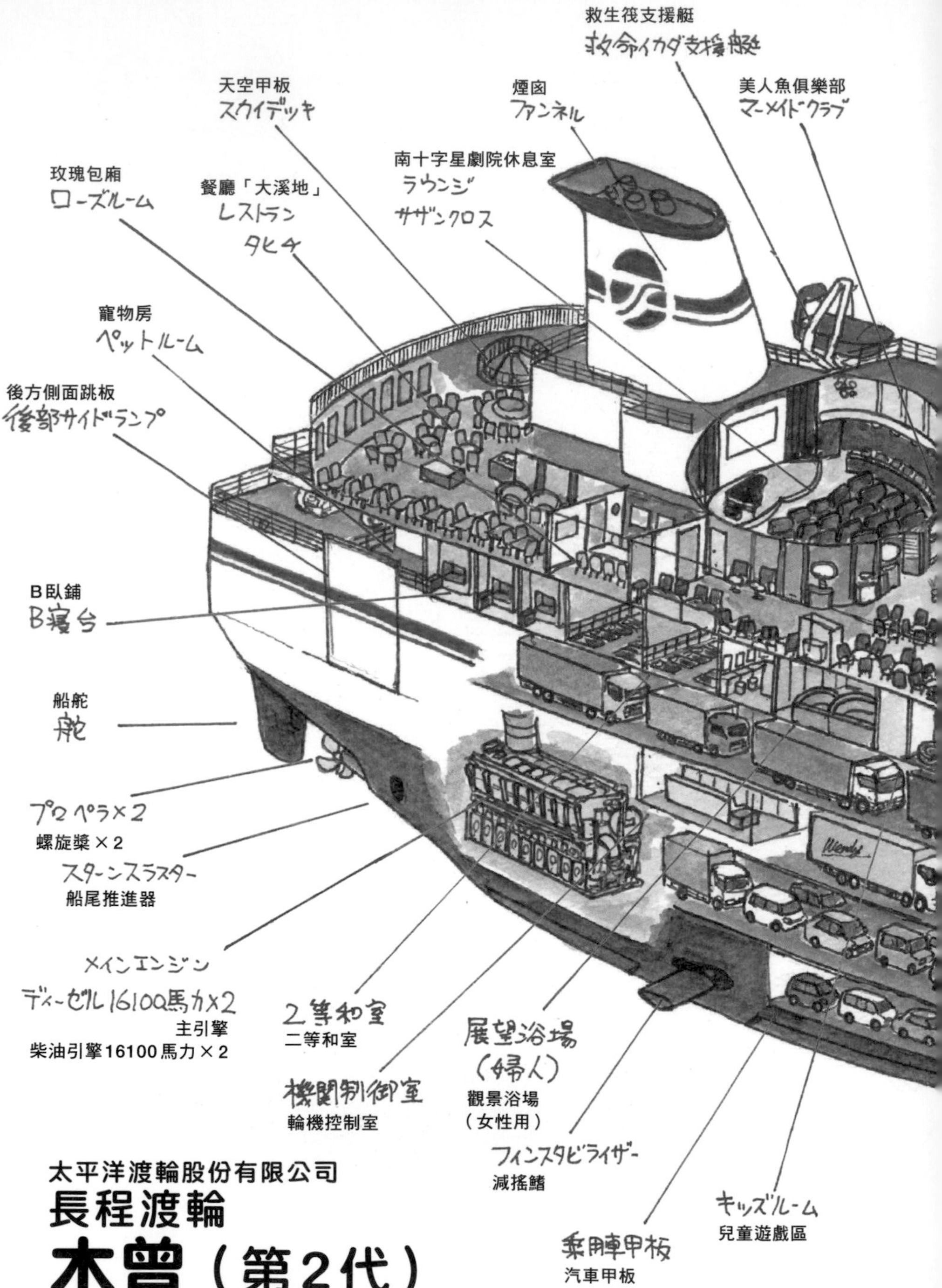

救生筏支援艇
救命イカダ支援艇

美人魚俱樂部
マーメイドクラブ

天空甲板
スカイデッキ

煙囪
ファンネル

南十字星劇院休息室
ラウンジ
サザンクロス

玫瑰包廂
ローズルーム

餐廳「大溪地」
レストラン
タヒチ

寵物房
ペットルーム

後方側面跳板
後部サイドランプ

B臥鋪
B寝台

船舵
舵

プロペラ×2
螺旋槳×2

スターンスラスター
船尾推進器

メインエンジン
ディーゼル16100馬力×2
主引擎
柴油引擎16100馬力×2

2等和室
二等和室

機関制御室
輪機控制室

展望浴場
（婦人）
觀景浴場
（女性用）

フィンスタビライザー
減搖鰭

キッズルーム
兒童遊戲區

乗用車甲板
汽車甲板

太平洋渡輪股份有限公司

長程渡輪

木曽（第2代）

現在日本國內最豪華的長程渡輪

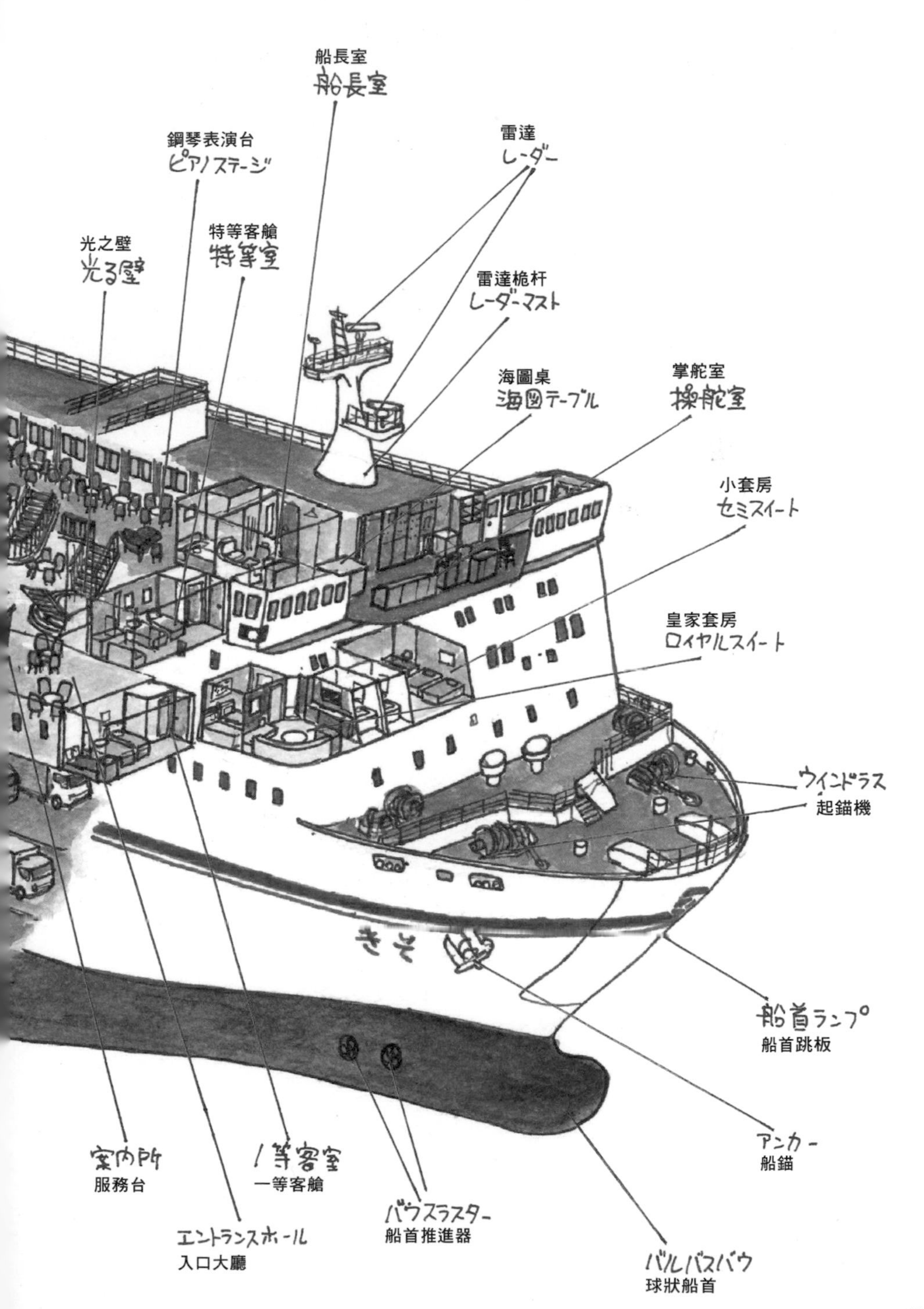
船長室
船長室
鋼琴表演台
ピアノステージ
雷達
レーダー
光之壁
光る壁
特等客艙
特等室
雷達桅杆
レーダーマスト
海圖桌
海図テーブル
掌舵室
操舵室
小套房
セミスイート
皇家套房
ロイヤルスイート
ウインドラス
起錨機
きそ
船首ランプ
船首跳板
アンカー
船錨
案内所
服務台
1等客室
一等客艙
バウスラスター
船首推進器
エントランスホール
入口大廳
バルバスバウ
球狀船首

以紅色為基調的豪華內裝與多樣化的艙房

太平洋渡輪的旗下船隻可說是日本豪華長程渡輪的代名詞……。

雖然仙台～苫小牧航線專用的新船「第2代北上」不再走向以豪華為賣點的路線，不過木曾與石狩這2艘航行名古屋～仙台～苫小牧航線的姊妹船，雖說船體稍微舊了些，但其豪華的公共設施與內裝依然遠遠強過其他公司，而且因為主要公共空間充分利用了27公尺的船寬，所以上船後的感覺就像置身於頗大的郵輪之上。

實際上日本的汽車渡輪由於無法將車輛甲板算進總噸位中，因此噸位數值會比同等尺寸的郵輪還要小，但其實木曾的總噸位應該遠超過3萬噸才是。

即便木曾現在已成為太平洋渡輪旗下最老舊的現役船隻，劇烈的引擎振動令人感受到她所經歷的歲月之久，不過內部裝潢以南太平洋大溪地為主題，熱情的紅色基調對我來說比石狩的藍白色地中海風格內裝更為討喜。

艙房的分級相當細緻，從最頂級的皇家套房到設有昔日大通鋪的二等和室，總共分成11種房型（費用上分成9種）。

當中最引人注目的果然還是皇家套房；除了寬廣的客廳與寢室，淋浴間還有朝向船首的大觀景窗，實在很難想像這是國內航線的汽車渡輪。由於只有1間，因此皇家套房當然也有超高的人氣，想在旅遊旺季或假日預約成功可謂是難如登天。

皇家套房

52㎡的寬敞面積使木曾與姊妹船石狩並列擁有日本國內汽車渡輪中最大的客艙。包含這間客艙在內的4間套房在乘船期間內可享用餐廳裡的所有餐點。

花樣百出的船內活動與深受好評的自助餐

晚間7點，木曾離開名古屋港金城埠頭；而幾乎就在同一時間，船內的主餐廳便開始營業，主打的正是這條航線最著名的豪華自助餐。

雖然不如以往那般奢華，不過種類、份量、味道都無可挑剔，總得時刻注意不小心吃得太撐的窘境。

用餐後可前往劇院休息室，這裡有來自各個領域、不同類型的表演者輪番上陣表演。此處的舞台有著其他日本渡輪都不存在的2層樓頂挑高，看起來相當寬敞，可說是頗為正式的表演場地，可惜的是本文撰寫當下正因為新冠肺炎疫情而關閉中。

除了電影上映會等船內活動外，最不能錯過的就是名古屋～仙台間14：30左右，在三陸近海與姊妹船交身而過的場面吧。交會前船內會進行事前廣播，這時許多乘客會湧到甲板上，接著便能漸漸看見左舷前方另一艘船的乘客揮手致意的景象。隨著距離愈來愈近，兩艘巨大的渡輪會一邊鳴響汽笛一邊交會，這場面不論看幾次都仍然震撼人心。可以在這麼近的距離交會當然歸功於是同一間船公司，不過這時候由於彼此皆是以20節左右的速度航行，將相對速度換算成時速約為75㎞左右，因此交會後不久就看不見對方了，我建議想欣賞這番景象還是盡早到甲板上等待為佳（我曾有一次太晚上到甲板，結果只能遠遠眺望著船尾的失敗經驗）。

順帶一提，木曾與石狩這對姊妹船乍看之下幾乎一模一樣，但要是抱著玩「大家來找碴」的心態其實還是能看見諸多不同之處，其中最明顯的是裝備於甲板上的橋色小艇（救生筏支援艇）的位置，配置在左舷略為後方的是木曾，配置在右舷略為前方的是石狩。

各個碼頭的交通指引

若完整搭乘名古屋～苫小牧之間的船班，那麼中間的仙台港以郵輪來比喻就是所謂的中途靠港地。從名古屋出發會在16：40抵達、19：40出港，從苫小牧出發則是10：00抵達、12：50出港，而不論從哪裡出發，在此停靠期間都有大概2小時左右的時間提出申請並下船。在碼頭附近有購物園區或大型商場，能夠短時間內讓旅客購物並快速回到船上。當然，也請各位注意千萬不要錯過出港時間了。

北海道一側的出發地苫小牧西港渡輪碼頭共有3家渡輪公司使用，建築看起來相當氣派雄偉，內部也附設多間餐廳與商店。除此之外，碼頭還附設展出苫小牧港歷史與歷代渡輪模型的博物館。

這條航線完整搭乘需要耗費3天2夜共約40小時的時間，不過雖然旅程漫長，但獨立艙房也僅需2萬日圓左右便能搭乘，因此若各位想要來一場長途的海上旅行卻又覺得郵輪的門檻實在高了點，不妨試試這條航線。

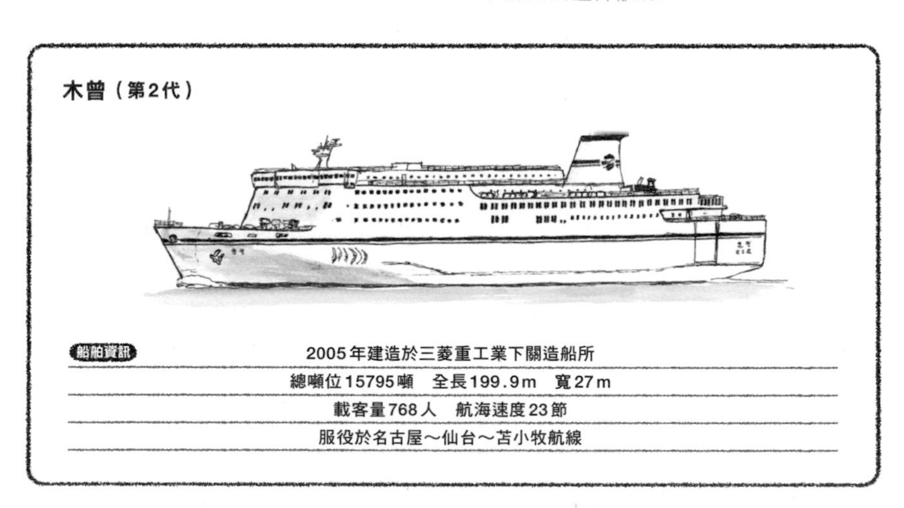

木曾（第2代）

船舶資訊

2005年建造於三菱重工業下關造船所

總噸位15795噸　全長199.9m　寬27m

載客量768人　航海速度23節

服役於名古屋～仙台～苫小牧航線

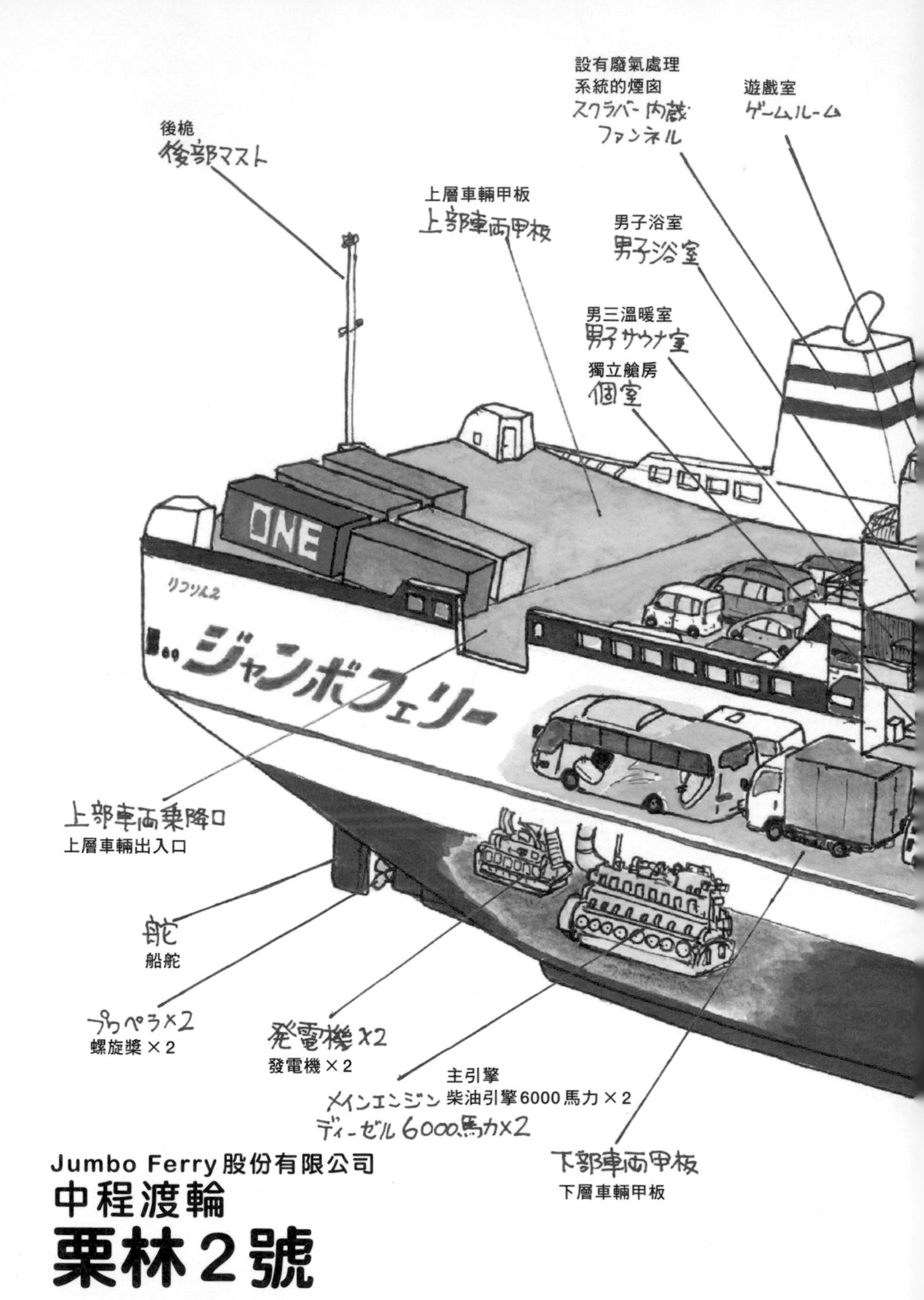

Jumbo Ferry股份有限公司

中程渡輪
栗林2號

突然化身為貓咪的老牌渡輪

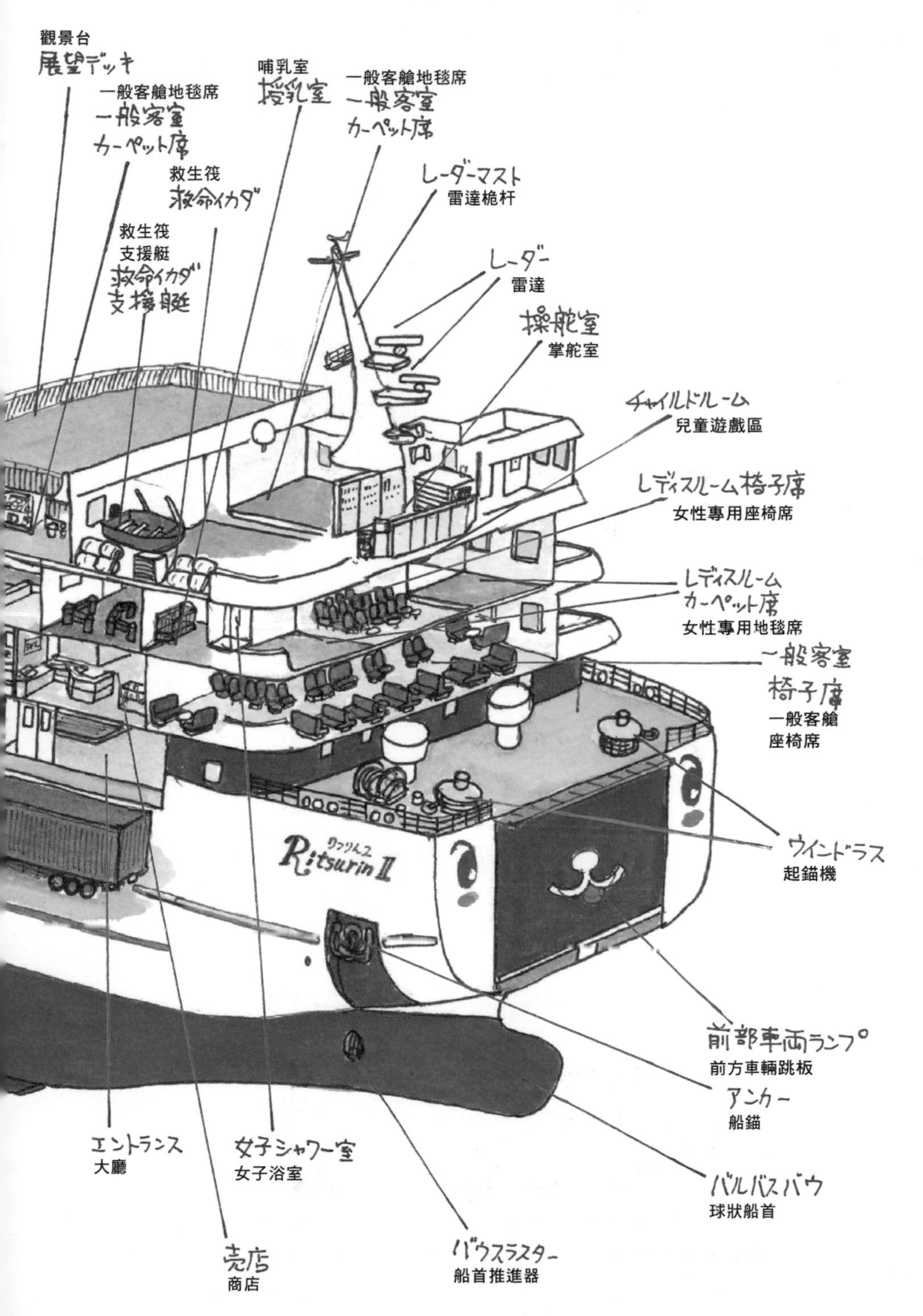

觀景台
展望デッキ
一般客艙地毯席
一般客室
カーペット席
救生筏
救命イカダ
救生筏
支援艇
救命イカダ
支援艇
哺乳室
授乳室
一般客艙地毯席
一般客室
カーペット席
レーダーマスト
雷達桅杆
レーダー
雷達
操舵室
掌舵室
チャイルドルーム
兒童遊戲區
レディスルーム椅子席
女性專用座椅席
レディスルーム
カーペット席
女性專用地毯席
一般客室
椅子席
一般客艙
座椅席
Ritsurin II
ウインドラス
起錨機
前部車両ランプ
前方車輛跳板
アンカー
船錨
バルバスバウ
球狀船首
バウスラスター
船首推進器
エントランス
大廳
女子シャワー室
女子浴室
売店
商店

大音量的Jumbo Ferry主題曲

♪海風攜著戀情～遠渡遼闊的大海～連繫兩人的Jumbo Ferry♪

只要是搭乘過這條航線的乘客一定對這首主題曲耳熟能詳，不僅平時在船上都能聽到，如果是夜晚的航班，甚至在天還沒亮的早晨入港時還會用超大音量播放這首歌。

我雖然住在東京，但因為喜歡這條航線，所以包含夜間航班在內已經搭乘4次左右，導致現在只要看到「金刀比羅」、「橄欖」、「烏龍麵」等關鍵字就會不自覺地哼起這首歌。順帶一提如果是看到「臭魚乾」、「明日葉」、「山茶花油」就會哼東海汽船的《我是海之子》。

價格平實的瀨戶內海遊覽旅程

這條航線最棒的地方，首先就要說到它的費用吧。從神戶（三宮）坐JR的新幹線經由岡山，最短時間需要花費近7000日圓，坐公車也要接近4000日圓，相比之下Jumbo Ferry在平日白天僅需1990日圓（25歲以下為1800日圓），如果對長達約4小時的乘船時間睜一隻眼閉一隻眼（我個人倒覺得很開心，再久一點也沒關係），那這價格實在便宜得不得了。

再加上渡輪可直接從神戶前往小豆島這個瀨戶內海的大島中少數沒有橋樑的「離島」，因此作為旅遊航線也深受年輕人喜愛。盂蘭盆節或黃金週等繁忙期（肺炎疫情前）時乘客甚至多到客艙塞不下，一群人睡到觀景台上這種景象也是

獨立艙房

雖然房間很小，而且只有床、桌子與電源插座，但能保護個人隱私。只有在深夜1點從神戶及高松出發的夜間航班才能使用，追加費用為2500日圓。

司空見慣……在各種意義上Jumbo Ferry或許都跟東海汽船都有共同之處，畢竟像七島愛過去也在這條航線以Jet 7的名字服役……。

在Orange Ferry的日間航班早就取消的現在，瀨戶內海在白天唯一航行東西向的船班只剩Jumbo Ferry，能夠遊覽風光明媚的多島海是這條航線在觀光上最吸引人的魅力。穿過宏偉的明石海峽大橋，見證幾近鬼斧神工的建造技術，也是搭乘這條航線的樂趣之一。

整艘船的形狀整體而言，艦橋與旅客空間等室內部分集中在船身前半部，而且擁有以這個等級的渡輪來說相當罕見的4個旅客用樓層，因此航行時即使從很遠的地方也能立刻辨識出來，有著非常獨特的造型。

插圖中的栗林2號雖是1990年（平成2年）建造的老船，但就如同其他泡沫

經濟期的船隻般內裝相當豪華。不知道是不是因為栗林2號比決定在2022年更換成新船的姊妹船金刀比羅2號還要稍微新一點，栗林2號搭載了電梯跟具備廢氣處理系統的煙囪，算是做了各式各樣的改裝，因此會晚一點退役換成其他新船。另外由於安裝了廢氣處理系統，煙囪也隨之大型化，使栗林2號除了船身的橫線顏色外，煙囪也成了與金刀比羅2號最大的不同之處。

從「Jumbo Ferry」變成「Nyanko Ferry」

話說回來，想必各位看到插圖都發現了，其實從數年前開始船首的車輛跳板周圍就漆上了有著水汪汪大眼睛的可愛貓臉。船尾的跳板也同樣漆上貓咪的屁股與尾巴，還有腳印的圖案，讓整艘船看起來就像一隻貓咪。姊妹船金刀比羅2號也漆上相同圖案，唯一的差別是改成了閉著眼睛的貓。其實這是2019年慶祝渡輪航線開設50週年的紀念活動；為了因應Nyanko Ferry這個特別暱稱，船身塗上了貓咪的圖案，然而這原本只限定1年的特別企劃，卻因為深受乘客和地區居民的好評，最後放棄回復原樣讓Nyanko Ferry延續到現在。就算瀏覽官方網頁，Jumbo Ferry這公司名也不太起眼，只大大寫著「Nyanko Ferry」這名字（而且「高松」還寫成「烏龍麵」）。

渡輪航線開設當年服役的是世界最大的雙體渡輪，因此航線名稱稱為「Jumbo Ferry」（當時的公司名為加藤汽船），不過隨著之後瀨戶內海各條航線公司的船隻都更換為越來越巨大的渡輪，這就使得公司內開始產生「這麼小的船為什麼稱為Jumbo？」的疑問，因此才有了改名的契機……不論如何，貓咪化都讓這條航線更受乘客喜愛，可說是一次英明的決定。

Jumbo Ferry預計在2022年（令和4年）下水的新渡輪會成為更像貓咪的船嗎？還是會演化成其他動物呢？這真是令我無比期待。

栗林2號

船舶資訊

1990年由林兼造船所建造

總噸位3664噸　全長116m　寬20m　航海速度18.5節

載客量475人　車輛承載數61台（換算8t貨車）

服役於神戶～坂手～高松航線（部分時間帶不停靠坂手）

神新汽船股份有限公司

短程渡輪

Ferry Azalea

從下田開始繞行伊豆群島4個島的汽車渡輪

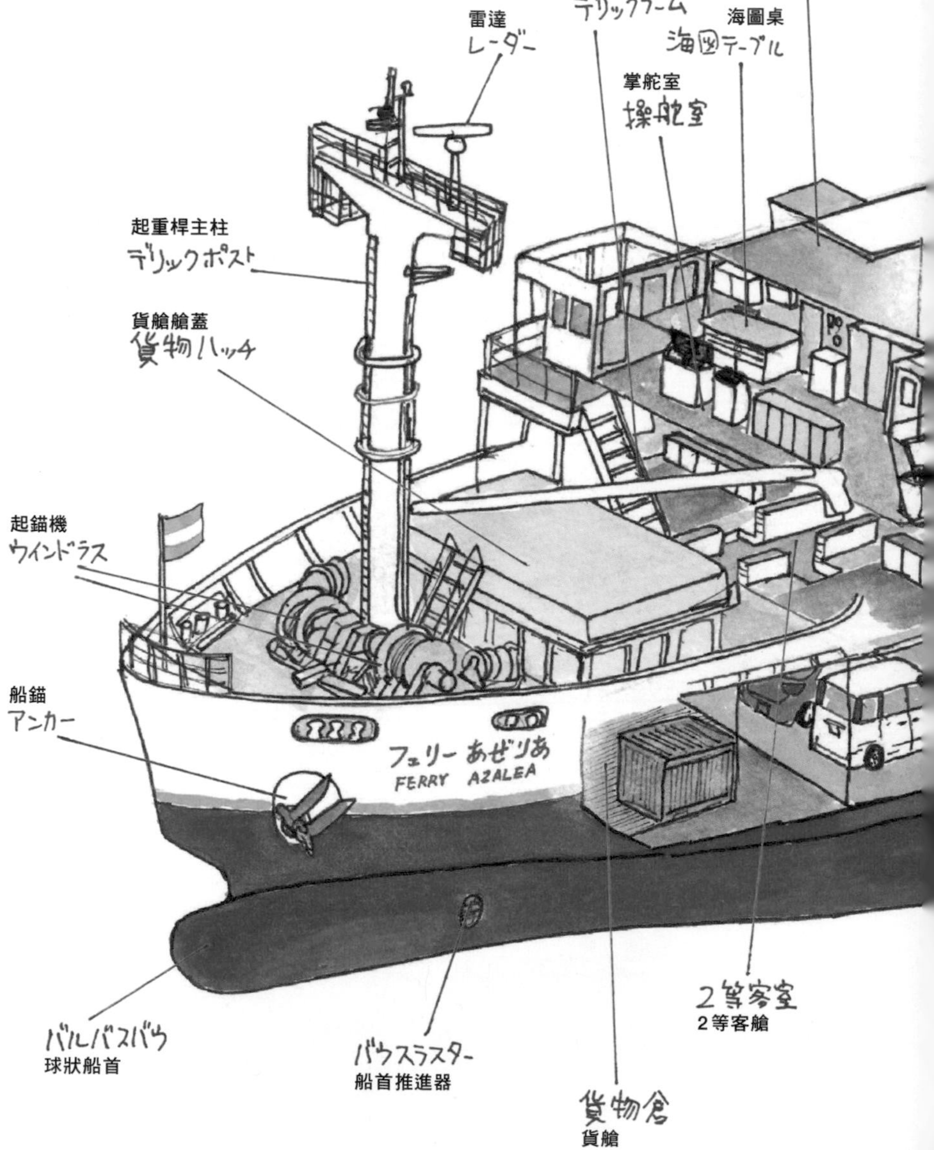

減搖艙
アンチローリングタンク

人字臂起重桿
デリックブーム

海圖桌
海図テーブル

雷達
レーダー

掌舵室
操舵室

起重桿主柱
デリックポスト

貨艙艙蓋
貨物ハッチ

起錨機
ウインドラス

船錨
アンカー

フェリーあぜりあ
FERRY AZALEA

2等客室
2等客艙

バルバスバウ
球狀船首

バウスラスター
船首推進器

貨物倉
貨艙

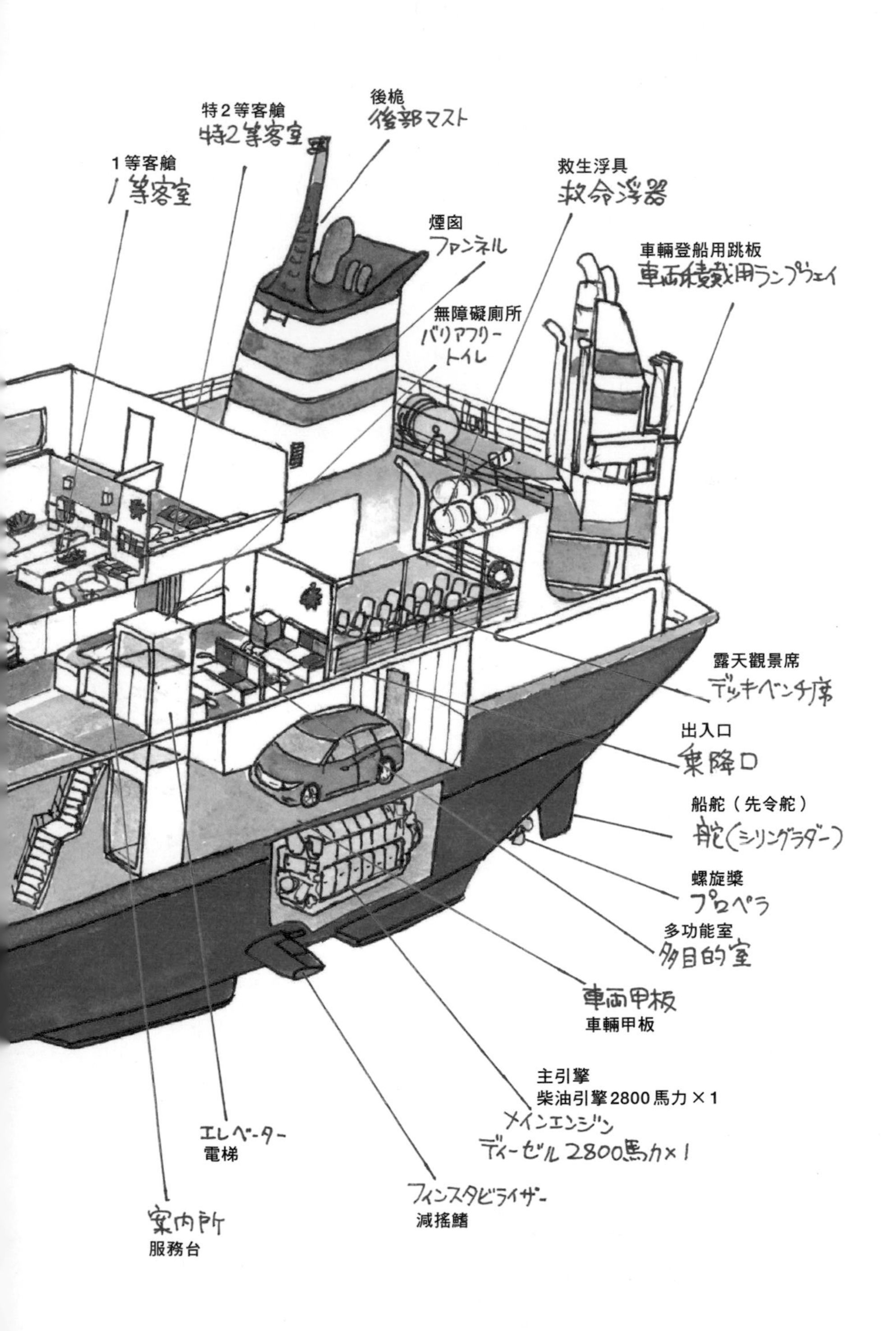
特2等客艙
特2等客室
後桅
後部マスト
1等客艙
1等客室
救生浮具
救命浮器
煙囪
ファンネル
車輛登船用跳板
車両積載用ランプウェイ
無障礙廁所
バリアフリートイレ
露天觀景席
デッキベンチ席
出入口
乗降口
船舵（先令舵）
舵（シリングラダー）
螺旋槳
プロペラ
多功能室
多目的室
車両甲板
車輛甲板
主引擎
柴油引擎2800馬力×1
メインエンジン
ディーゼル2800馬力×1
エレベーター
電梯
フィンスタビライザー
減搖鰭
案内所
服務台

從伊豆半島前往伊豆群島

車牌標示為品川的汽車四處可見的伊豆大島、新島、神津島等東京都的伊豆群島……看地圖怎麼樣都會覺得這些島嶼離靜岡縣的伊豆半島更近，位置上根本不像是東京，因此從明治時代開始，從伊豆半島南部的港都下田便有定期交通船前往各個島嶼。幾次翻拍成電影和連續劇的川端康成著名小說《伊豆舞孃》，其中的女主角便是從大島經由這條航線來到下田。

二戰後，東海汽船使用「紫陽花丸」這艘客貨船開設了從下田到新島～三宅島～神津島的航線，之後現在的神新汽船繼承了這條航線，並將其修改為新島～式根島～神津島；在船隻更換為「杜鵑花丸」後新增了利島，最後到了數年前，備受期待的新船Ferry Azalea終於正式開始服役。

東京各島最初的汽車渡輪

這艘Ferry Azalea是在島民的要求下引進的汽車渡輪型客貨船，也是東京各島第一艘汽車渡輪，不過考量到在波濤洶湧、風力強勁的離島上汽車有時候很難自行登陸，因此船身前方設置了跟以往船隻相同的垂吊式起重裝置跟貨艙。據說在建造時為了實行這個設計，參考了早已有許多類似船型的船服役、連接西南群島各個島嶼的渡輪，尤其是連接吐噶喇群島的上一代「Ferry Toshima」。

從東京搭乘早一點的新幹線，就能在9點30分前上船並從下田港出發，經由利島～新島～式根島～神津島的路線（隔天會反方向航行，週三停航），在下午16點30分回到下田，航程所需時間為7個小時。一般的觀光客行程通常會是先在伊豆半島玩一圈然後前往某個島嶼，最後再坐噴射船回到東京，不過這條航線從以前就開始販售在這7個小時內不會在任何一個島下船，最後直接回到下田的一日遊票券，二等艙價格是5000日圓左右，這種行程意外地受到船舶愛好家或喜歡特殊旅行方式的遊客的好評。

寬廣舒適的船內環境

坐上船後可以發現Ferry Azalea比前一代的杜鵑花丸還要大一些，尤其船寬多了3.6m，乘坐起來更為舒適穩定，不過船內的下層皆為車輛甲板所佔據，乘客用的樓層只有2層而已（雖然以渡輪來說還滿理所當然的）。杜鵑花丸多達4層的旅客空間，以及船隻雖小卻會像大船般迷路的經驗，現在回想起來還是挺令人懷念的。

防止船身搖晃的裝置除了之前的船便有的減搖艙，Ferry Azalea還加上了減搖鰭，使船身即使在波浪較高的海域也能將左右的晃動減至最低，從搭船的舒適程度難以想像這只是500噸的小船。

船內的客艙分為鋪上地毯的二等艙、同樣鋪上地毯但還多準備了毛毯與枕頭的特二等艙，以及如插圖所示只有1個房間的一等艙共3個級別。

船身中央靠左舷的多功能室在沒有乘客時便像一個寬廣一點的大廳，能從大片窗戶向外遠望東京的各個島嶼。

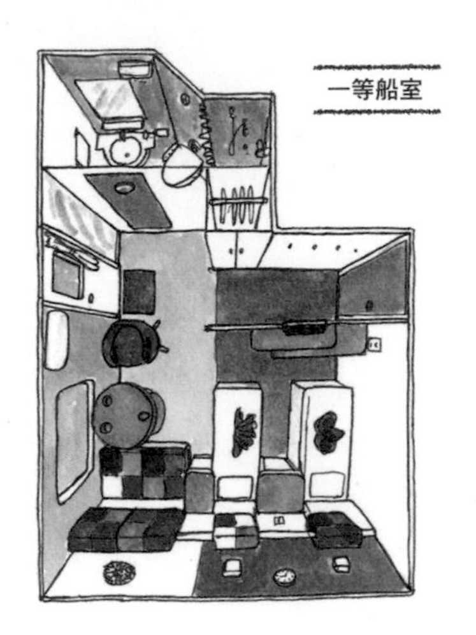

淋浴間、廁所、床一應俱全，以日間的航海來說頗為奢侈。即使是郵輪也只在高級艙房才能看到的傳統折花毛毯是在優秀事務長的努力下所準備好的。

可惜的是，船內並沒有餐廳或類似設備，只有賣有飲料和杯麵的自動販賣機。因此，若想購買前述的一日遊票券並長時間待在船上，我強烈建議最好在搭船的港口買好便當後再上船，千萬別因為餓肚子就在船上釣魚或抓海鳥來吃（←哪可能做到）。

遊歷景觀獨特的群島

幾乎沒有平地、長得像阿波羅巧克力的利島；相反地幾乎都是平地、海岸線錯綜複雜的式根島；海岸線連綿不絕的新島；在東岸上岸後被天上山雄偉山形和美麗的雪白山面所震懾的神津島……Ferry Azalea停靠的4個島都有各自獨特且充滿魅力的景緻，然而因為停靠時間都只有10分鐘左右，所以無法隨興地下船體驗踏上陸地休息的感覺。此外在天氣惡劣時還會「有條件地航行」，難以靠岸的島會被跳過，有時候甚至會直接回航，因此在擬定旅遊計畫時還請務必注意當地天氣情況。雖說這些意外也是前往島嶼旅行的樂趣之一啦……。

結束開心的海上旅行後，從下田港到伊豆急下田站徒步僅約20分鐘，在當天有很充分的時間能回到東京。

從東京搭船直接前往島嶼的旅程雖然也很有樂趣，但各位要不要試試像這樣的地區航線呢？

Ferry Azalea

船舶資訊

2014年建造於內海造船瀨戶田工廠

總噸位485噸　全長63.6m　寬12.6m

航海速度15.2節　最大載客量240人　貨櫃承載數14個　小客車承載數10台

服役於下田～利島～新島～式根島～神津島～下田航線（隔天反方向航行，週三停航）

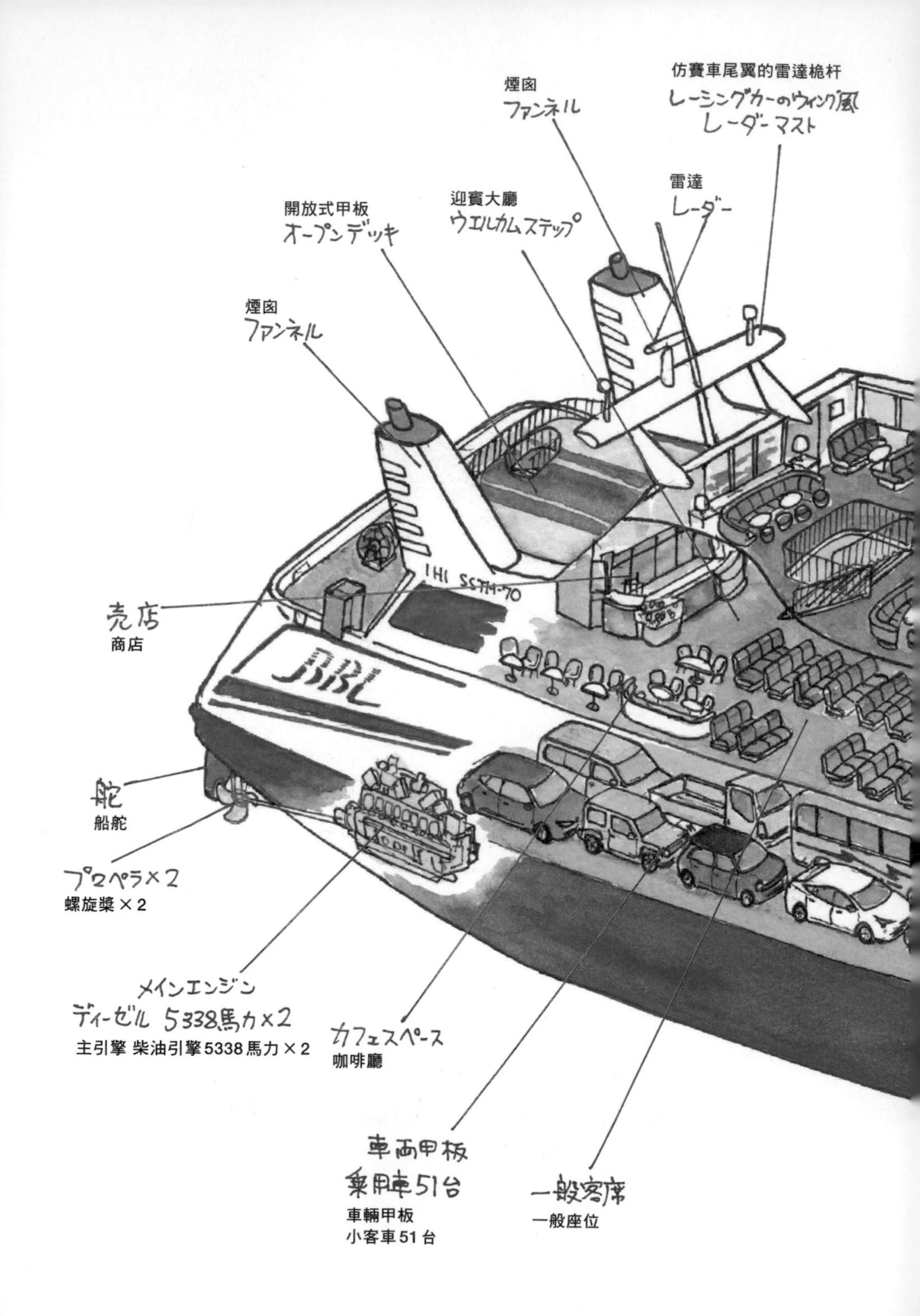
仿賽車尾翼的雷達桅杆
レーシングカーのウィング風
レーダーマスト
煙囪
ファンネル
雷達
レーダー
迎賓大廳
ウエルカムステップ
開放式甲板
オープンデッキ
煙囪
ファンネル
IHI SSTM-70
JRBL
売店
商店
舵
船舵
プロペラ×2
螺旋槳×2
メインエンジン
ディーゼル 5338馬力×2
主引擎 柴油引擎5338馬力×2
カフェスペース
咖啡廳
車両甲板
乗用車51台
車輛甲板
小客車51台
一般客席
一般座位

熊本渡輪股份有限公司

高速汽車渡輪

海洋飛箭

現在已是日本唯一的短程高速渡輪航線

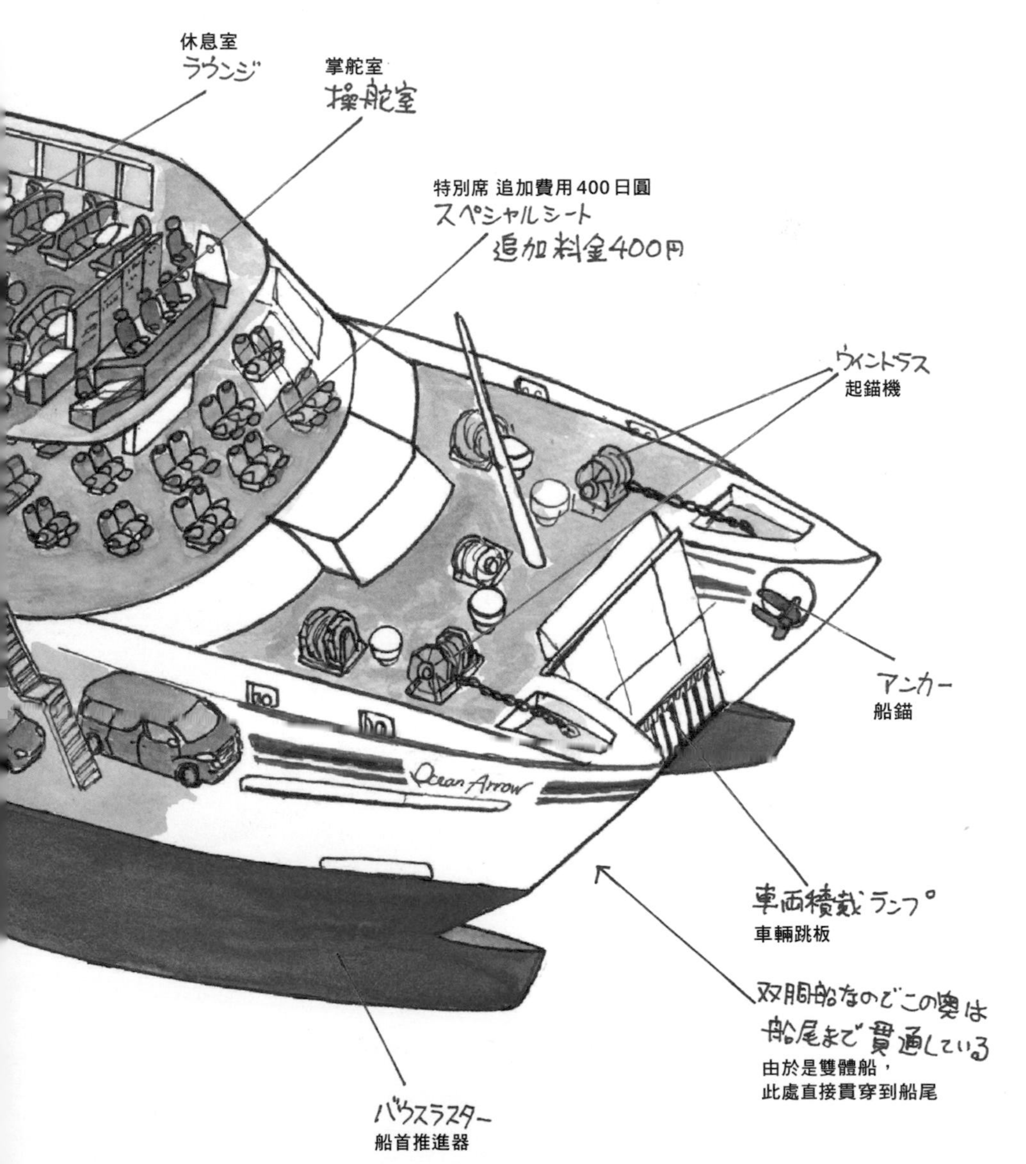

船身修長的國產高速雙體船

有明海是九州最大的海灣，海灣深處高達6m的潮差跟泥狀的海底地形都使港灣設施的建設困難重重。沿岸最大城市熊本市附近直到近年都未能建起海港，是到了1993年（平成5年）在近海處填出人工島後才使熊本港能順利開港，與此同時也開設了前往有明海對岸島原的渡輪航線。

原本在一段時間中都只有當地的1間渡輪公司營運約1小時左右的航線，不過為了對抗鐵路和飛機，更為快速的渡輪運輸需求增加，因此才催生了這艘速度高達30節，航行時間只有一般渡輪約一半的30分鐘，而且造型特殊的國產雙體型高速渡輪「海洋飛箭」。

重點是費用也只比一般渡輪稍微貴一點，這麼一來從長崎到熊本只要新幹線一半價錢，移動速度卻比普通列車還要快上許多。

提到雙體型的渡輪，可能會令人聯想到以往東日本渡輪的Natchan Rera／World姊妹船或是佐渡汽船的AKANE等澳洲製的穿浪式雙體船，但實際上這艘海洋飛箭是在石川島播磨重工業（IHI）的相生工廠建造的，是真正的純國產船。由於整體船型即使在雙體船中也顯得特別修長，因此乍看之下更像是一艘時髦的單體船。

透過被稱為SSTH（超細長雙體船）、如同划船比賽的船艇般細長的雙船身結構，可以將波動阻力減至最低；雖然採用一般的螺旋槳推進而不是噴水推進器，卻實現了最大速度31.3節的高速、低油耗（以高速船來說）的目標。

跑車的外觀與郵輪般的內部裝潢

海洋飛箭的外觀據說是由汽車設計經驗豐富的設計師所設計，這麼一想從掌舵室到船首尖端的確有個平穩的斜度，整艘船看起來確實頗有汽車的感覺；靠近船尾的雷達桅杆簡直就像不久前流行的跑車尾翼。

不只是外觀頗具特色，實際搭上船後就能發現船內的裝潢也相當講究，畢竟東有阿蘇山、西有雲仙岳，又航行在如湖泊般風平浪靜的有明海上，自然要有如同郵輪般舒適明亮的環境才能讓乘客有良好的觀景體驗。

內部的旅客空間分成2層，下層甲板主要是座位，不過後方有吧檯風格的時髦商店和咖啡廳，至於可以遠望海景的

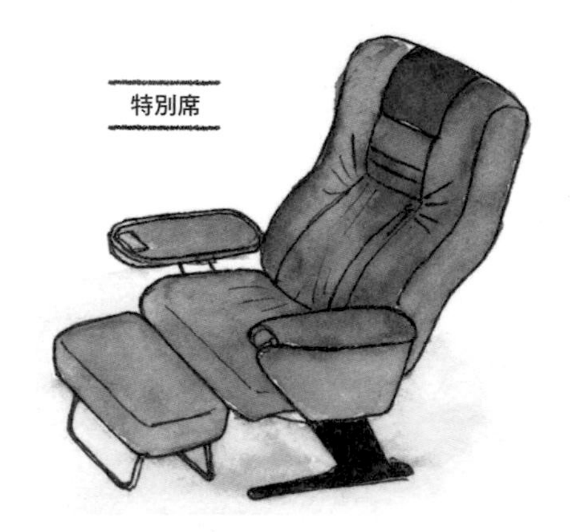

附躺椅、腳凳與桌子，使用費400日圓，平日還會附贈1杯飲料可說相當划算，不過要是躺下去就不能眺望海上景緻了。

前方則如插圖所示為特別席，採用澳洲製的躺椅。

上層甲板排列著安穩、舒服的沙發，看起來就像郵輪的休息室。在休息室後方有高速船難得一見的寬廣開放式甲板，可以盡情迎面吹海風。

在甲板上遠眺海面會覺得很不可思議，感覺船的速度並沒有很快，然而只要低頭看看船的尾跡，就會對尾波的數量之少感到驚訝。

我曾聽航行東京港的小型船船長說過「○○丸經過後會被很大的尾波掃到實在很討厭，在這點上××丸尾波很小我比較喜歡」，對像我這樣遲鈍的人來說，如果我坐在小船上而海洋飛箭從旁邊經過，只要不是盯著對方看我大概也不會發現它開過去了。有明海因其環境盛行海苔和牡蠣養殖，尾波小或許便是考量到船隻對漁業的影響吧。

當然由於有明海是內海，不僅整個海面相當平穩，也不會像瀨戶內海那樣有海流，乘坐起來完全感受不到搖晃。當看到同一條航線上率先出港的普通渡輪在途中被自己「超船」時，感覺是很爽快的。

因為船型設計的緣故，雙體高速船最大的缺點便是碰上波浪時左右晃動會非常劇烈，不過這艘船之所以是日本國內唯一成功的小型高速渡輪，或許也都能歸功於有明海的環境吧。

往返90分鐘的行程

無論如何海洋飛箭坐起來非常舒適，甚至讓人感覺30分的航行時間短到有點可惜，而且內部的裝潢也漂亮得令人難以想像是建造20年以上的老船。根據熊本渡輪的官方網頁所示，目前有推出從熊本到島原不下船的90分鐘往返行程並附1杯飲料，價格為1500日圓（而且是限定22人的特別席，先搶先贏），實在非常吸引人。如果有時間的話我想往返個3次，欣賞夕陽從雲仙岳落下的美景，要是運氣好說不定還能碰見寬脊江豚這種小型的海豚呢。

海洋飛箭

船舶資訊

1998年建造於石川島播磨重工業相生工廠

總噸位1674噸　全長72m　寬13m　航海速度30節

最大載客量430人　小客車承載數51台

1天往返於熊本～島原間7次

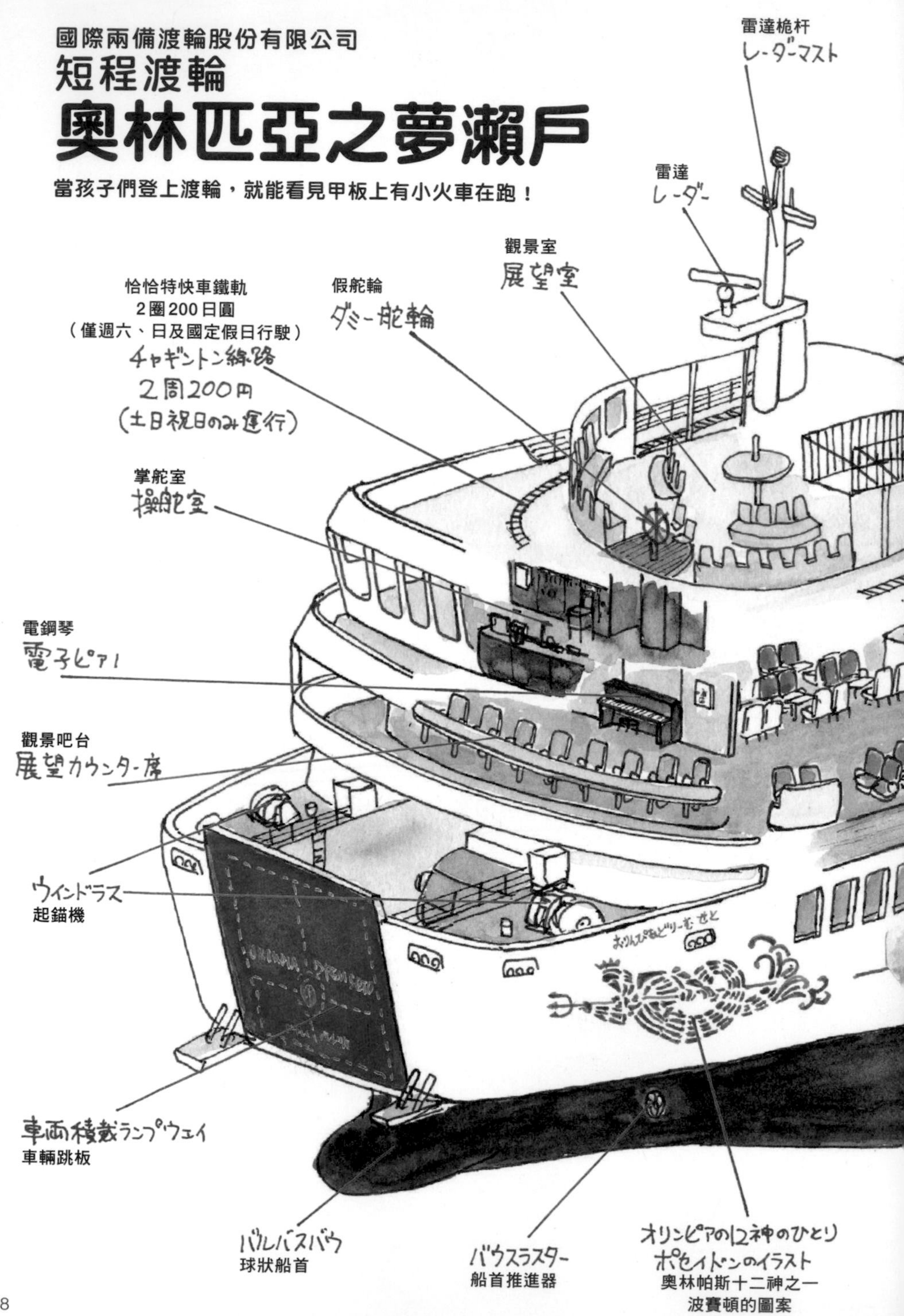

國際兩備渡輪股份有限公司
短程渡輪
奧林匹亞之夢瀨戶
當孩子們登上渡輪，就能看見甲板上有小火車在跑！
雷達桅杆
レーダーマスト
雷達
レーダー
觀景室
展望室
恰恰特快車鐵軌
2圈200日圓
（僅週六、日及國定假日行駛）
チャギントン線路
2周200円
（土日祝日のみ運行）
假舵輪
ダミー舵輪
掌舵室
操舵室
電鋼琴
電子ピアノ
觀景吧台
展望カウンター席
ウインドラス
起錨機
車両積載ランプウェイ
車輛跳板
バルバスバウ
球狀船首
バウスラスター
船首推進器
オリンピアの12神のひとり
ポセイドンのイラスト
奧林帕斯十二神之一
波賽頓的圖案

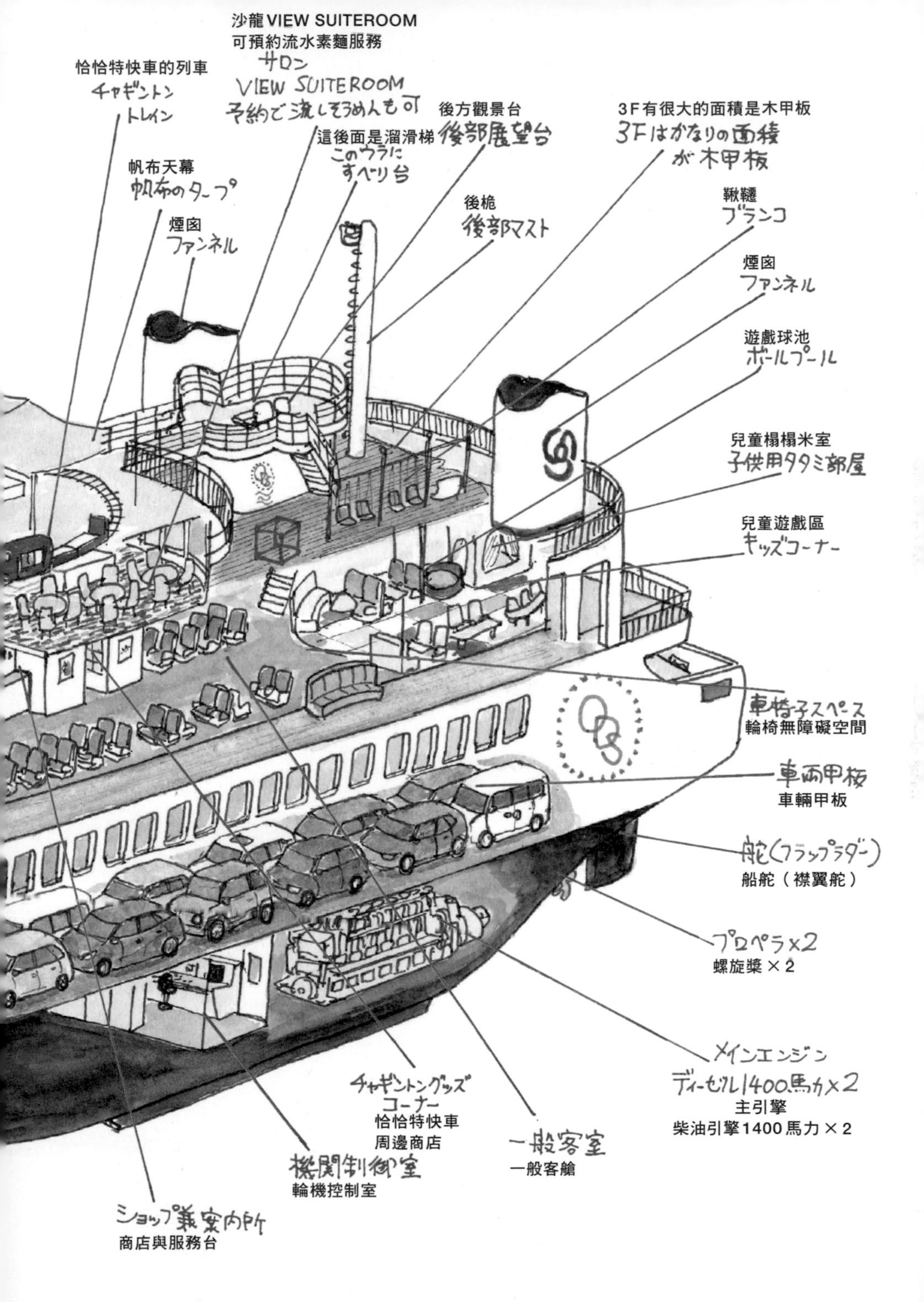
沙龍VIEW SUITEROOM
可預約流水素麵服務
サロン
VIEW SUITEROOM
予約で流しそうめんも可
恰恰特快車的列車
チャギントン
トレイン
後方觀景台
後部展望台
3F有很大的面積是木甲板
3Fはかなりの面積
が木甲板
這後面是溜滑梯
このウラに
すべり台
帆布天幕
帆布のタープ
後桅
後部マスト
鞦韆
ブランコ
煙囪
ファンネル
煙囪
ファンネル
遊戲球池
ボールプール
兒童榻榻米室
子供用タタミ部屋
兒童遊戲區
キッズコーナー
車椅子スペース
輪椅無障礙空間
車両甲板
車輛甲板
舵（フラップラダー）
船舵（襟翼舵）
プロペラ×2
螺旋槳×2
メインエンジン
ディーゼル1400馬力×2
主引擎
柴油引擎1400馬力×2
チャギントングッズ
コーナー
恰恰特快車
周邊商店
一般客室
一般客艙
機関制御室
輪機控制室
ショップ兼案内所
商店與服務台

全船由一流設計師所設計

說到工業設計師水戶岡銳治，最著名的作品應該是JR九州的頂級郵輪式臥鋪列車「九州七星號」或九州新幹線的「燕」等各種鐵道車輛，不過水戶岡也與在岡山縣等地經營公車、電車和計程車等事業的兩備集團有密切的關係；兩備集團旗下自2005年（平成17年）起服役於岡山～小豆島航線的渡輪「奧林匹亞之夢」，全船皆由水戶岡銳治本人進行設計。

奧林匹亞之夢在甲板上設有足湯及甲板座位，裝潢也相當時尚豪華，跟至今為止的短程渡輪有著截然不同的特色；從2019年（平成31年）開始服役於同一條航線的這艘奧林匹亞之夢瀨戶，更是加入許多水戶岡的玩心，以豐富有趣的船上設施引起話題。

船身結構上，這艘不滿1000噸的奧林匹亞之夢瀨戶有著瀨戶內海小型渡輪中罕見的3層旅客空間與1層車輛甲板共4層甲板結構，寬廣通亮的氣氛坐起來非常舒服。

小孩開心、大人放心的船內

從車輛甲板走上階梯（當然也有電梯），並從大廳進入2樓的客艙後，就能看見色調溫和的木質地板，座椅的側面及桌子等各處也使用木材，整體氛圍可說非常悠閒安穩。位於樓層中央的商店除了可以購買飲料或伴手禮還能享用輕食，加上這時髦的內裝簡直就像在咖啡廳用餐。

船首最前方的座位採用向海而坐的吧台形式，能在此欣賞瀨戶內海的美景；吧台座位後方還擺放著一台電鋼琴，可以在悠揚的自動伴奏音樂中愜意渡過這趟旅程。

走到船艙後方，右舷側有著以這個大小的渡輪來說相當寬廣的兒童專用空間，其內部準備了各式各樣的玩具，另外也有遊戲球池跟榻榻米和室，看起來就像是大型商場的兒童遊戲區。

這份以兒童為首要考量的思維似乎是這艘船的設計理念；本船也與將英國鐵道擬人化的人氣兒童節目《恰恰特快車》簽約，能在船內各處看到主角威爾森以及其他登場人物（登場火車？）的角色裝飾牌，我想應該有許多家長都是為了這些角色才帶著孩子登船的吧？

上層甲板是個迷你遊樂園

走上3樓，這裡的木製甲板有很大的面積鋪設日本產的天然杉樹木材，令像我這樣的船艦迷心花怒放。這也讓我深切覺得，果然船的甲板還是該像古代那樣用天然木材最棒啊。

樓層中央是一間稱為VIEW SUITE ROOM的團體用包廂，這裡也有個小吧台，只要事先預約就可以在中間的2處圓桌上享用流水素麵，可謂是相當特別的體驗。在船上吃流水素麵到底是什麼樣的一種體驗呢？

這層的後半部分跟2樓相同，是提供給兒童的遊戲空間，迷你屋、鞦韆、溜滑梯等器材緊密地設置在一起。我也曾經趁沒人的時候坐上鞦韆盪盪看，實在是相當舒服。另外我還想過試試看溜滑梯，不過溜滑梯是兒童專用，所以我只能放棄了。

走上溜滑梯的階梯後是個小觀景台，可以從這裡一覽船尾方向的景緻。通過細長的走廊後，會來到船身前方的4樓觀景甲板，並前往寬廣的觀景室。

渡輪GO！火車GO！

觀景室最前方有著一個模擬舵輪，讓小朋友也能體驗當一位船長的感覺，但這一層還有另一個更吸引小朋友的遊樂設施！那就是前面提到的兒童鐵道節目《恰恰特快車》的迷你小火車（岡電恰恰特快車），小朋友可以坐上主角威爾森繞行整個觀景室。根據兩備集團的官網所說，在船上坐火車這種奇妙的想法似乎還是世界首創的。

迷你小火車的維護與管理皆由船員進行，向我介紹設施的船員笑著跟我說「明明是作為船員上船的，沒想到竟然還做起了鐵道員的工作」。

岡電恰恰特快車
威爾森號

僅限定週六、日及國定假日的白天可以乘坐，會繞行4樓觀景室周圍50m，繞行2圈的價格為200日圓。隨天氣狀況可能會停駛。

目前直接連接宇野和高松的渡輪航線已被廢止，因此搭上這條航線後只要在小豆島的土庄港轉乘前往高松的渡輪，便能像以前那樣從岡山坐船前往高松（另外也有宇野－直島－高松的航線）。

要是各位有時間，不妨試著搭乘這條航線盡賞瀨戶內海的美麗景色。

奧林匹亞之夢瀨戶

船舶資訊

2019年建造於藤原造船所

總噸位942噸　全長60m　寬14.7m　航海速度13節

載客量500人　車輛承載數60台

每天在新岡山港～小豆島土庄間往返4次（航線本身往返8次）

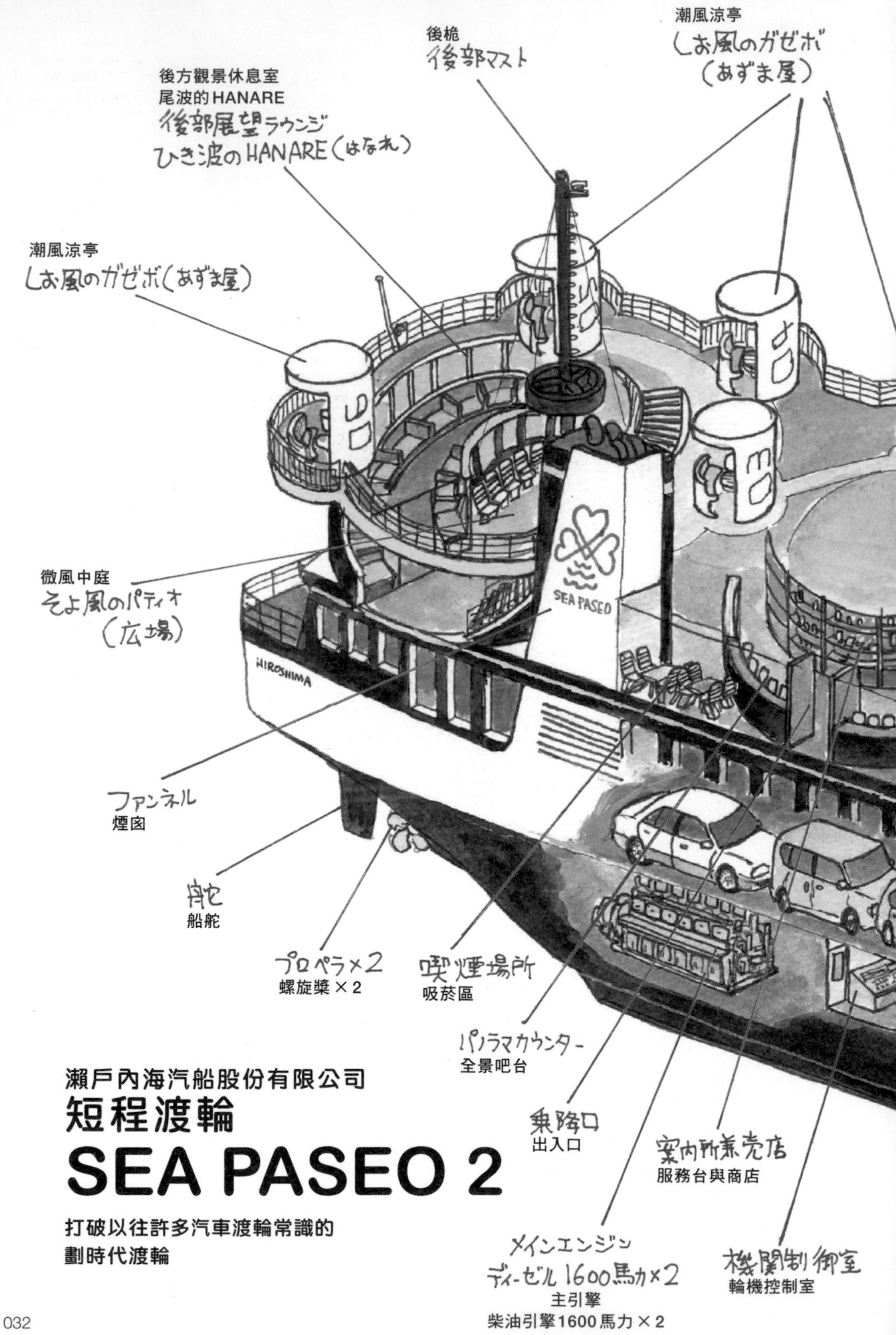

瀨戶內海汽船股份有限公司

短程渡輪

SEA PASEO 2

打破以往許多汽車渡輪常識的
劃時代渡輪

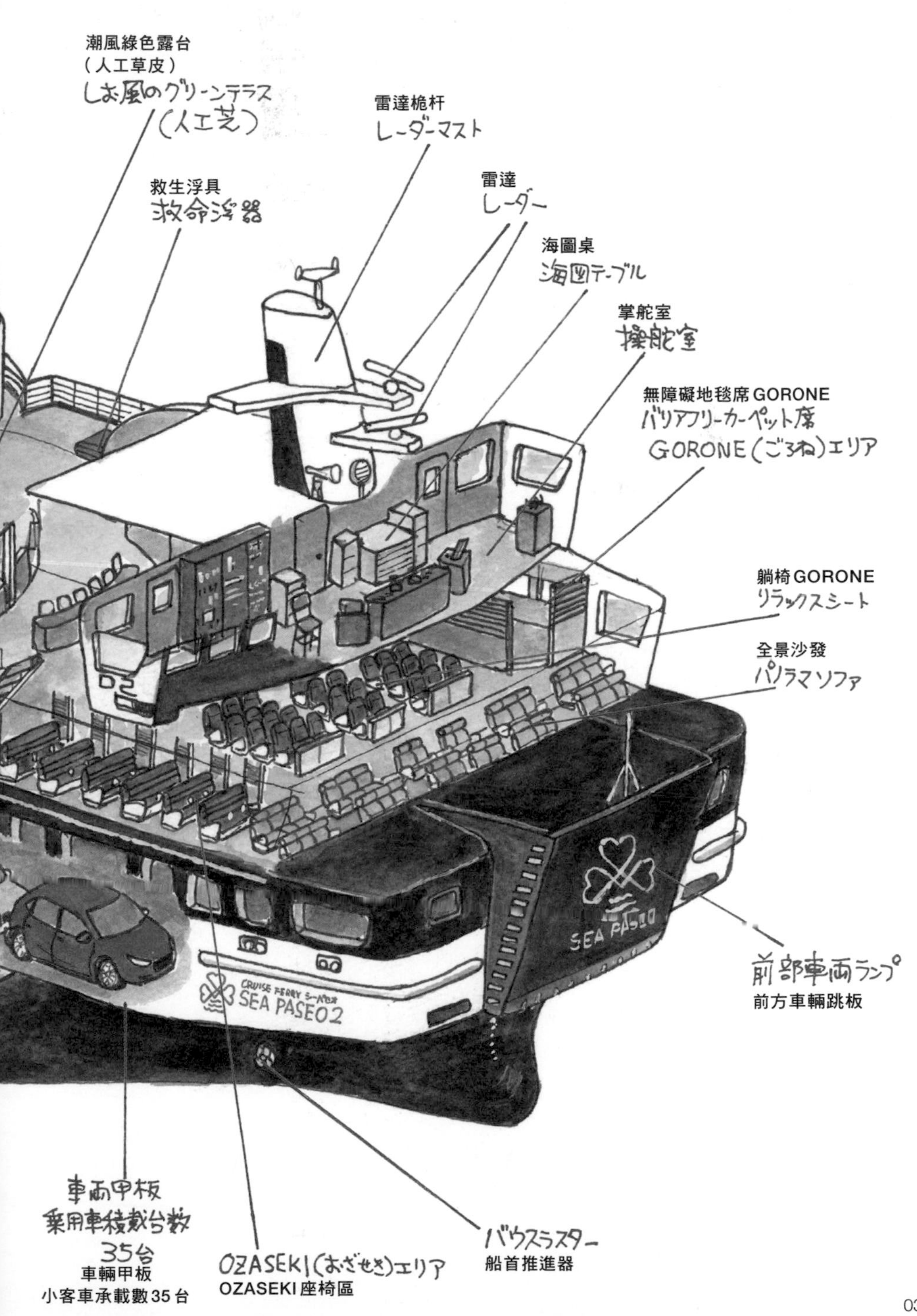
潮風綠色露台
（人工草皮）
しお風のグリーンテラス
（人工芝）
雷達桅杆
レーダーマスト
救生浮具
救命浮器
雷達
レーダー
海圖桌
海図テーブル
掌舵室
操舵室
無障礙地毯席 GORONE
バリアフリーカーペット席
GORONE（ごろね）エリア
躺椅 GORONE
リラックスシート
全景沙發
パノラマソファ
CRUISE FERRY シーパセオ
SEA PASEO 2
SEA PASEO
前部車両ランプ
前方車輛跳板
車両甲板
乗用車積載台数
35台
車輛甲板
小客車承載數 35 台
OZASEKI（おざせき）エリア
OZASEKI 座椅區
バウスラスター
船首推進器

從物流航線變成觀光航線

瀨戶內海自古便以風光明媚的觀光海域為人熟知；全年風平浪靜、無數大小島嶼點綴整個海域，從以前便有許多船擠著在白天航行於這條航線上。

然而隨著昭和時期尾聲到平成時期，連接本州和四國的本四聯絡橋逐一興建起來，過去這片海上四通八達的渡輪航線也跟著一一撤退，最後就連長程的日間航線也都消失殆盡。

即使如此，目前由這艘SEA PASEO 2提供服務、連接中國地區最大都市廣島和四國最大都市松山的航線依然有很高的需求，這是因為如果要經由橋樑來往本州和四國就必須繞很遠的路，所以在聯絡橋完工後，瀨戶內海汽船與石崎汽船看準以貨車為主要需求的商機，2間公司各自派遣2艘總共4艘船，開始共同營運每天往返10次的航線。

由於4艘船都在同一時期建造並採用類似規格，因此退役時間也一起到來。為了繼續營運，原本2間公司還曾擬定要建造完全相同的同型船。

但之前曾在廣島推出海上餐廳的瀨戶內海汽船開始對把船用於觀光這件事感到濃厚的興趣，於是原本應該承襲傳統、重視實用性的新船改為採用前所未有的全新設計思維。除此之外，航線也逐步規劃成在白天美麗的瀨戶內海航行，並穿過著名觀光勝地「音戶之瀨戶」的觀光路線。因此，公司內部做了問卷調查等等措施，討論什麼樣的船才能讓旅客更能享受海上旅行，並請到曾設計過JR東日本車輛、具備豐厚實績的「GK設計總研廣島」來設計船隻。最後完成的，便是造型時尚帥氣的SEA PASEO跟SEA PASEO 2這兩艘姊妹船。

潮風涼亭

上層甲板設有6處直徑約2.5m的休息空間。所有涼亭都貼心地在船首一側設有隔板，以避免在此休息的人直接吹到強勁的海風。也能將商店購買的飲品拿到此處享用。

顛覆過往渡輪常識的內外裝設計

當初我在看到SEA PASEO 2的完成預想圖時便充滿期待了，不過實際到了搭船的松山觀光港親眼見到她時，我甚至對那顛覆以往小型渡輪常識的設計感動不已。

進入船內後，那份感動更是愈發膨脹。首先印入眼簾的是船艙中央宛如大城市裡外資系連鎖咖啡廳的商店櫃台、餐桌座位，以及附設電源插座的吧台座。前方靠右舷窗的座位則有種令人懷念的夜間列車感。面向船首大片玻璃窗的2排座位像電影院的座椅般呈階梯狀，座椅本身做起來也鬆軟舒適。在更後方是一般座位，不過全都能放倒椅子躺下。另外還有2處鋪上地毯的客艙空間，裡頭除了有可愛的小圓桌外，即使躺下也有玻璃窗可欣賞外面的風景，可說完全擺脫以往國內定期航線的地毯大通鋪那種充滿生活感的俗氣感，既美觀又舒適。

船上空間裡我最喜歡的是船尾的「尾波的HANARE」;這是個需要脫鞋進入的客艙，同時也是充分運用船身正後方半圓形空間、配備有大片窗戶和舒適沙發的觀景室。如名稱所示，從這裡可以欣賞船隻的尾波，並眺望更遠處的各個島嶼。仔細想想，日本國內的渡輪及客船中，在這個位置設置客艙的船是不是極為罕見呢？身為古船迷的我，最先聯想到的是英國P&O公司的第一代Oriana號上，船尾一間被稱為「Stern Lounge」的美麗辦公室。

甲板上的現代風格涼亭

這個房間的前方有著一個挑高的空間，此處的樓梯通往上層的觀景甲板；而走上觀景甲板，便能看到彷彿大城市商辦區域裡時尚又充滿設計感的公園、象徵本船理念「Park on the SETONAIKAI」的寬敞空間。

前半部分鋪上人工草皮，天氣良好時可以在上面躺著休息，而後半部分則設有幾處被稱為「潮風涼亭」的圓柱形休息空間，圓圓的屋頂看起來頗為可愛。其中有幾個涼亭還突出到海上，坐在裡面相當舒適。

像這樣從船的最前方到最後方，甚至到甲板上都充滿樂趣，無論坐在旅客空間的哪個地方都相當開心的船，我想整個日本或許也只有SEA PASEO這對姊妹才能做到了。航行途中還會經過音戶之瀨戶這個觀光名勝，並停靠於吳這個以軍港跟造船聞名的美麗港都。

據說當地有不少人為了消除平時的生活壓力，每個月會毫無目的地登船數次，只單純為了享受坐上這艘船的感覺。我想我很能體會他們的心情。

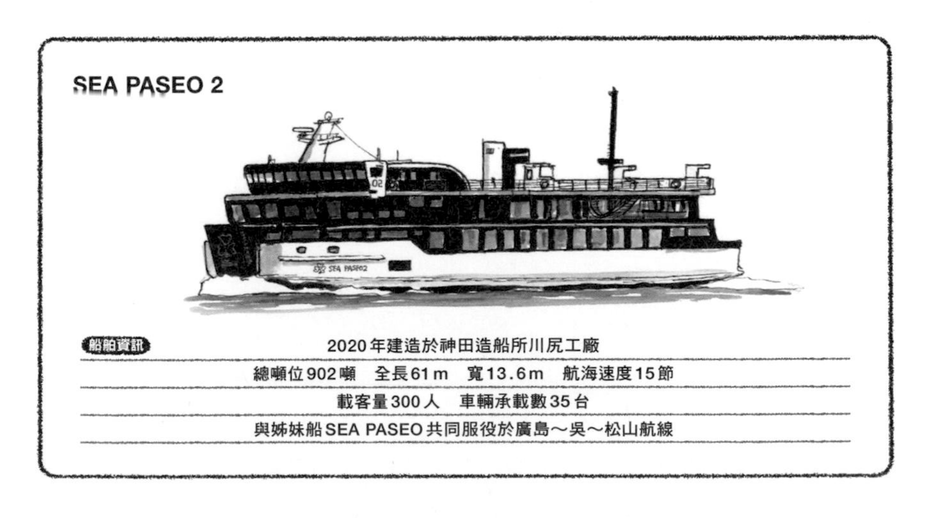

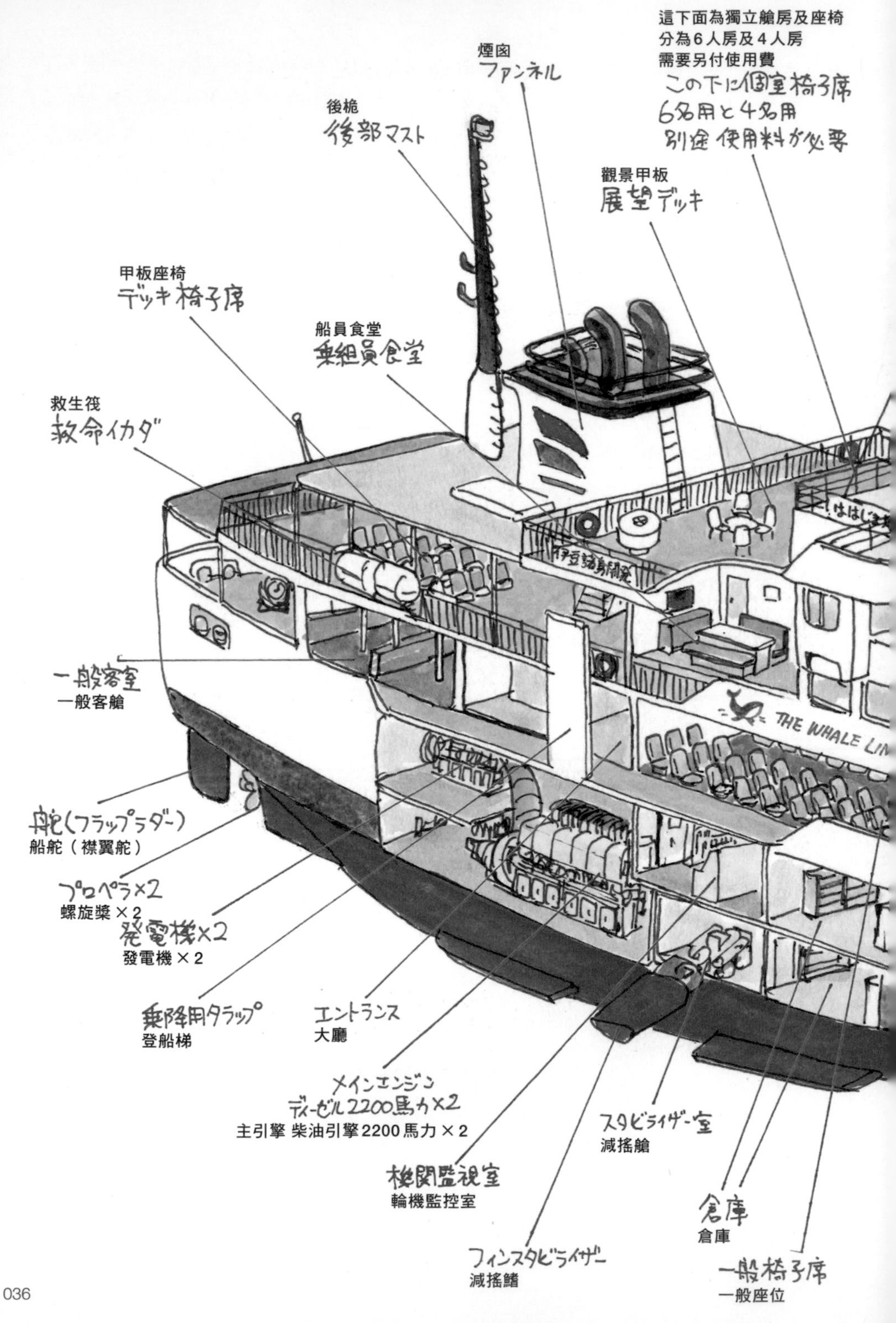
這下面為獨立艙房及座椅
分為6人房及4人房
需要另付使用費
この下に個室椅子席
6名用と4名用
別途使用料が必要
煙囪
ファンネル
後桅
後部マスト
觀景甲板
展望デッキ
甲板座椅
デッキ椅子席
船員食堂
乗組員食堂
救生筏
救命イカダ
伊豆諸島開発
THE WHALE LIN
一般客室
一般客艙
舵(フラップラダー)
船舵(襟翼舵)
プロペラ×2
螺旋槳×2
発電機×2
發電機×2
乗降用タラップ
登船梯
エントランス
大廳
メインエンジン
ディーゼル2200馬力×2
主引擎 柴油引擎2200馬力×2
スタビライザー室
減搖艙
機関監視室
輪機監控室
倉庫
倉庫
フィンスタビライザー
減搖鰭
一般椅子席
一般座位

伊豆群島開發股份有限公司

客貨船

母島丸（第3代）

東京群島最南端的定期航線，
船上最有樂趣的是觀察海洋生物

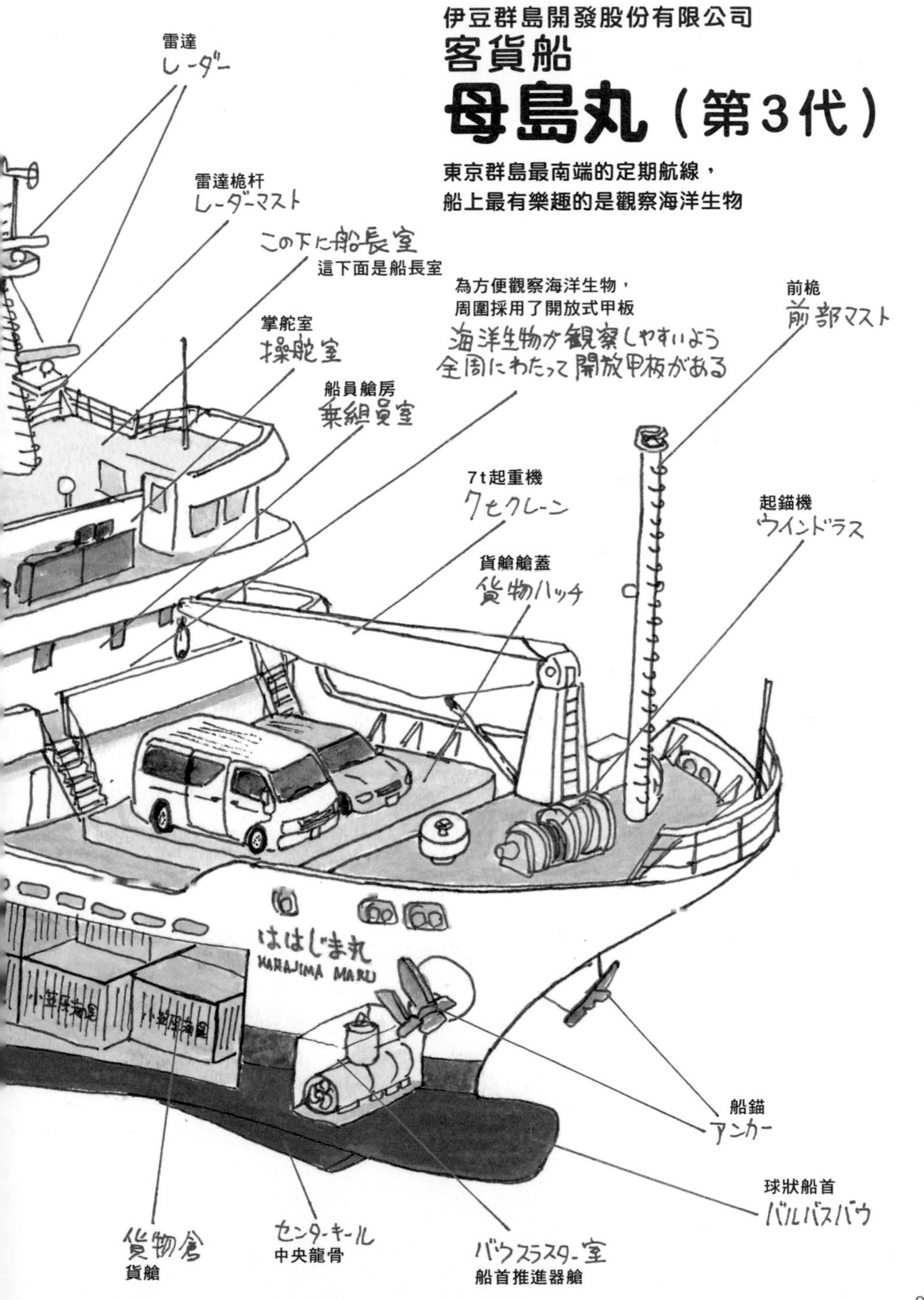

比以前更大、乘坐起來更舒適的船身

位於東京都心南方1050㎞的母島屬於小笠原群島之一，自太平洋戰爭疏散島民以來，有28年的時間都為無人島。

1972年（昭和47年）起重新有人入住，並在4年後開始營運與父島間的定期航線，不過當時使用的只是由貨船改造而來的二手船。在那之後第一代母島丸開始服役，成為這條航線的專用船隻，到了今日則是由第三代母島丸為這條航線提供載客服務。

2016年（平成28年）第三代母島丸建造時，反省前一代空間狹小、搖晃劇烈等負面評價，船舶公司選擇向島民舉行各種問卷調查，並參考沖繩離島航線的渡輪「Ferry粟國」（現在已退役，改由「新渡輪AGUNI」服役）將船隻設計得更為巨大。由於總噸位的計算方式與以往不同，因此數字本身相較於前一代的490噸，第三代僅453噸，乍看之下縮水，但其實真正尺寸等同或甚至略大於停泊於東京港的1100噸海上餐廳Symphony Classica。

除此之外，防止船身左右搖晃的減搖鰭也從外國製改為性能更為突出的日本製，大幅減輕了左右搖晃的程度。雖然沒搭乘過前一代的母島丸所以無從比較，不過根據時常搭乘的當地人和旅遊業人士都異口同聲地說「現在的母島丸都不會晃！」，那麼這大概就是真的吧。實際上我搭船時剛好碰上颱風尾，海況尚未完全平復，即使如此若不談前後搖晃，確實也幾乎感受不到左右的晃動。

獨立艙房

上圖是若只有2人便可以躺在沙發上睡覺的6人用艙房（使用費5000日圓），除此之外還有另一間4人用的艙房（使用費3000日圓）。兩種都只有1間，不採用預約制而是先登船者優先使用。

別出心裁的內裝令人完全投入海上旅行

船內的旅客空間分成3層，大廳所在的上層甲板在船身前方有座椅，後方則有地毯席，不論哪一種座位都比前一代寬敞許多。

上面一層的前半部如上圖所示是2間獨立艙房，後方則是有遮陽篷的寬廣露天甲板，這裡也同樣排列著座椅。這塊露天甲板環繞了這層的船艙周圍，直到艦橋的正下方。若想要欣賞這片海域眾多的鯨魚、海豚跟海鳥等各類海洋生物，那麼這層就是最佳的觀景區域。

實際上在2月左右的座頭鯨賞鯨季，據說即使不參加賞鯨行程，平時也能在這條航線上看到鯨魚的身姿。

我搭船時已經是8月，雖然看不到鯨魚，但還是可以看到海豚悠然自在地游在船隻周圍，或看到白腹鰹鳥等大型海鳥就飛在觸手可及的距離。

再上去的最上層甲板則有掌舵室，而且幸運的是後半部開放給乘客使用，可坐在此處的桌椅區休息。如果天氣狀況良好便可以從這裡遠眺美麗的小笠原群島，享受一段悠閒舒適的時光。唯一美中不足的是這層甲板沒有遮擋南國強烈日曬的遮陽篷，必須小心不要曬傷了。

配合連接本土的船隻，沒有完全固定的船班

這艘船的船班時常有所變動，而且也有停航日。

母島丸基本上會在早上7：30從父島出發，並於9：30抵達母島，接著停靠至14：00，最後在16：00回到父島，因此在母島時有一定程度的空閒時間可以利用，然而當來自東京的定期客貨船小笠原丸在父島入港時，母島丸的船班會在14：00到達母島，並於母島停泊1晚；相反地在小笠原丸的出港日，母島丸則是在9：30進入母島後，緊接著於12：00出港，對旅客而言整個行程可說是相當匆忙，因此出發前最好事先確認官方網站的船班資訊。

如果先行申請旅遊行程，便可以在4個半小時的停留時間裡駕車觀光（島上沒有公車等任何大眾交通工具）。此外，當然也可以選擇在港口周圍散步，或在海灘進行浮潛。島內亦有10間左右的住宿設施，想住上一晚也沒問題。

母島有著與父島截然不同的魅力，在造訪小笠原群島時推薦各位搭上母島丸（其實也沒別的交通方式了）前去母島欣賞獨特的島嶼風光，母島甚至有著東日本唯一一間用甘蔗釀造蘭姆酒的酒廠，其釀造的酒會先沉在海底1年後才出貨，據說這「海底熟成蘭姆酒」香氣迷人、非常美味（因為我喝不了酒所以不太清楚到底多好喝⋯⋯）。島上特產的小番茄跟百香果也非常好吃喔～。

東海汽船股份有限公司

客貨船 Salvia Maru（第3代）

連接東京各個島嶼的客貨船新面孔

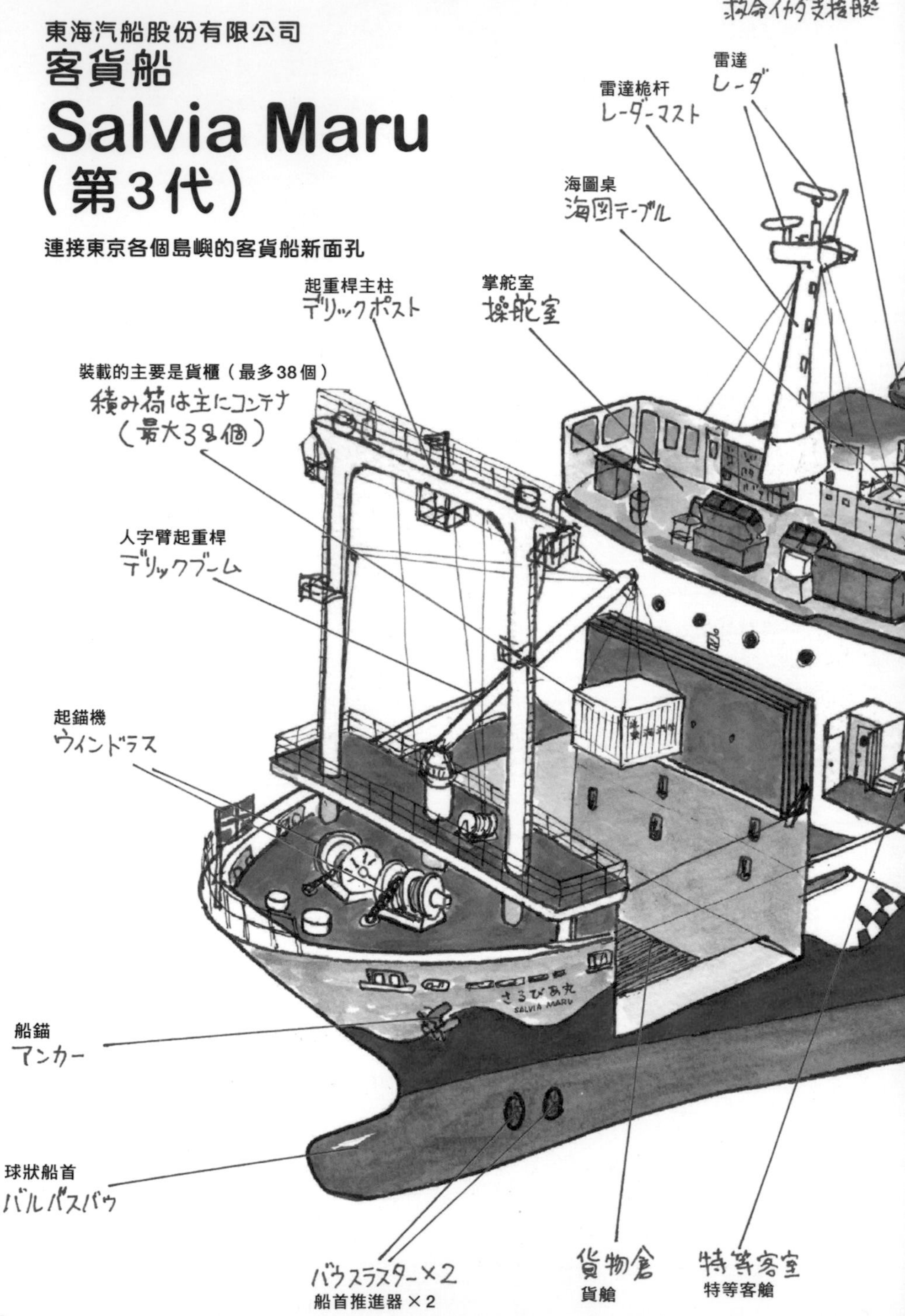

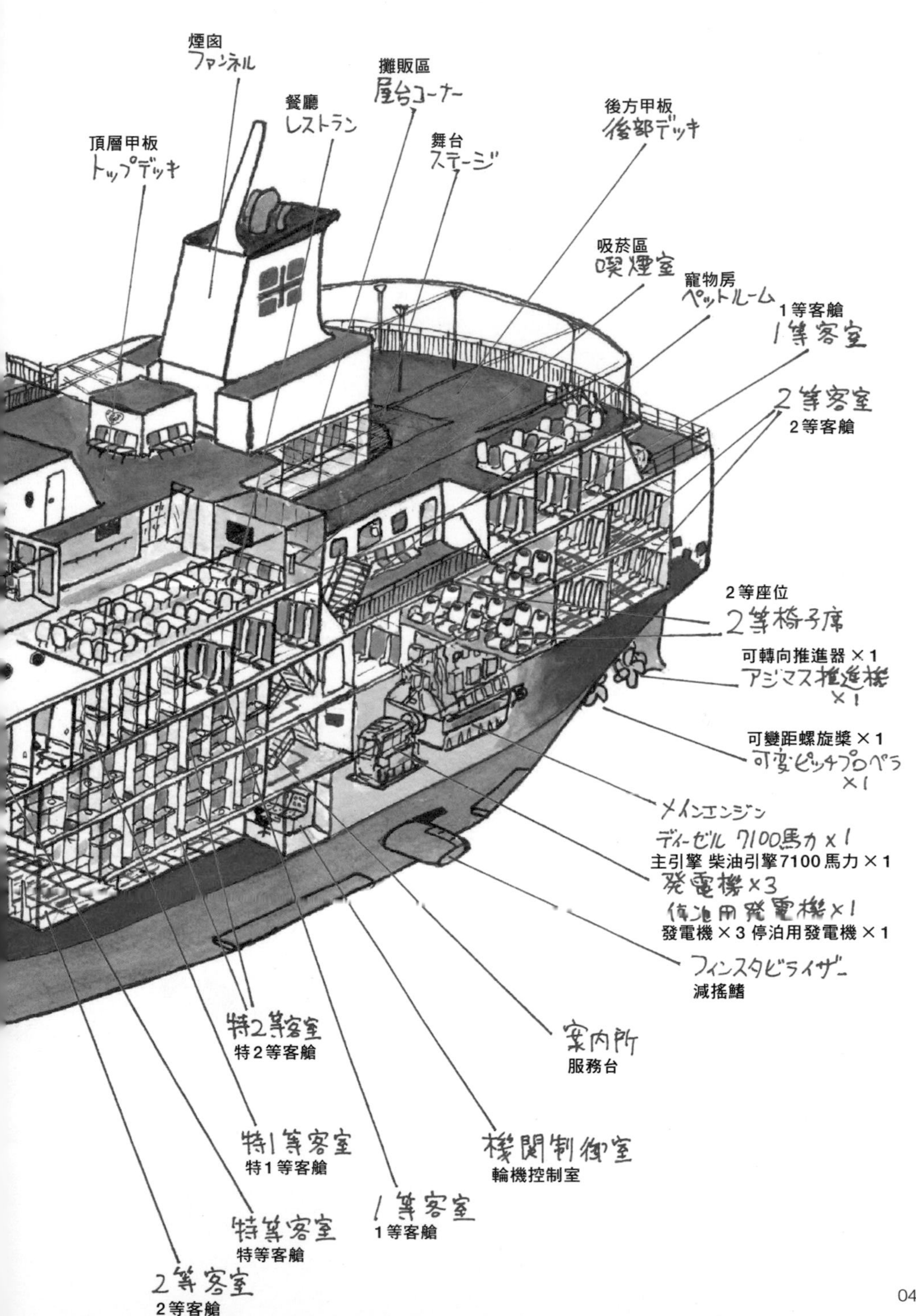

煙囪
ファンネル
攤販區
屋台コーナー
餐廳
レストラン
頂層甲板
トップデッキ
舞台
ステージ
後方甲板
後部デッキ
吸菸區
喫煙室
寵物房
ペットルーム
1等客艙
1等客室
2等客室
2等客艙
2等座位
2等椅子席
可轉向推進器×1
アジマス推進機×1
可變距螺旋槳×1
可変ピッチプロペラ×1
メインエンジン
ディーゼル 7100馬力×1
主引擎 柴油引擎7100馬力×1
発電機×3
停泊用発電機×1
發電機×3 停泊用發電機×1
フィンスタビライザー
減搖鰭
特2等客室
特2等客艙
案内所
服務台
特1等客室
特1等客艙
機関制御室
輪機控制室
1等客室
1等客艙
特等客室
特等客艙
2等客室
2等客艙

繼承歷代同名船光輝經歷的第三代

第一代Salvia Maru可說戰功彪炳；不僅點燃了昭和的離島觀光熱潮，在大島三原山的火山爆發時，也曾作為避難船協助島民疏散，並在之後轉為旅館船讓相關人士得以暫且安居。順帶一提，第一代Salvia Maru是第二代橘丸的後繼船，而第二代橘丸也有著以醫療船的身分奇蹟似地活過太平洋戰爭，並於戰後成為東海汽船旗艦的傳奇經歷。

第二代Salvia Maru設計成配備貨艙和起重裝置的客貨船，尺寸也隨之提升；夏季則從離島航線的客貨船搖身一變，成為每晚將年輕人捲入狂熱、有浴衣舞者熱舞的東京灣納涼船，在東京的離島粉絲中搏得了超高人氣。繼承大受歡迎「Salvia Maru」之名，在第二代退役時接棒的便是這艘第三代Salvia Maru。

2019年6月，也就是服役的約1年前，在東海汽船的海上餐廳「VINGT ET UN」大廳中，發表了第三代Salvia Maru的預想圖與船名。還記得當時看著網路直播的我，細看設計師野老朝雄先生（2020東京奧運的會徽設計者）的船體設計圖後，雖然想著「設計看起來是很帥，不過感覺很難畫呀」，但還是參考了準姊妹船第三代橘丸的照片，在公布消息1小時後就用水彩畫出完成想像圖，甚至還畫了同時公布消息的七島結並立刻上傳至社群網站上，現在想想未免太衝動了（後來發現只要掌握花紋的法則，絕對不是一艘難畫的船）。

那一年的11月，我參觀了在三菱重工業下關造船所所舉行的盛大下水儀式；隔年在第二代Salvia Maru退役的同時，第三代也一同舉行了處女航。那個夜晚我在東京港的觀光船上看著2艘Salvia Maru一起穿過彩虹大橋，這光景對一名船舶迷而言，心中的感動實在難以言表。可以說我從她誕生之前，就一直守望著她的一舉一動了。

大幅提升舒適度的客艙設備

從插圖所畫的特等客艙，再到鋪上地毯的普通2等客艙，基本承襲前一代的客艙設備。不過諸如有上下鋪的特2等客艙，以及變得宛如頂級高速巴士的2等座位，其舒適程度都有明顯改善，尤其是特2等的床裝設了前一代沒有的照明燈和可上鎖置物櫃，且上層的床棄梯子改用階梯，這些細節都能看出比以前更照顧到年長者和女性的需求。當然也相當令時常使用特2等的我高興。

因為旅客用甲板上下多達6層，所以在船身中央也設置了電梯以便旅客移動。

另外由於本船有時也作為小笠原航線其他船隻進塢維修時的替代船，因此從前一代的限定近海區域執照改為近海區域執照。不知道是不是因為這層因素，走出船艙來到室外便可以看見露天甲板的兩舷增加放置了非常多救生筏、救生艇以及逃生滑梯等等逃生設備。可惜的是因為如此，甲板上能靠近扶手欣賞海面的地方變少了，而且整體視野也變得比較不好，然而這些全都是為了保護乘客重要的性命，並不是毫無意義地放置

特等客艙

包含兩張床加上淋浴間、溫水洗淨便座的獨立艙房。雖然只有6間，但即使只有1人使用也不會收包房費，價格實惠。可惜房內沒有前一代那樣的陽台。

雜物來遮擋視線，還請大家多多諒解。

承襲自姊姊的混合動力推進系統

說起機械相關資訊，那就要提到本船採用的是早一步服役的準姊妹船第三代橘丸的串聯式混合動力推進系統，其中組合了單軸可變距螺旋槳與可轉向（POD）推進器這2種螺旋槳。除此之外船首還配有2座推進器（橫向移動的螺旋槳），使Salvia Maru在狹窄或水流急促的港口可以更輕鬆地離岸跟靠岸。對操縱船隻有興趣的人不妨去看看她入港的場面，可以發現她能在很短的時間內就輕而易舉地調轉巨大的船身，看起來相當有趣。另外雖然船身比前一代更為巨大，但據說油耗還改善了10%左右。

第三代橘丸船身後半部的客艙及甲板引擎振動過於劇烈的困擾，在這艘船上有了大幅改善，船上既安靜又舒適。

第三代Salvia Maru至今已服役1年以上，她獨特的深藍色波浪花紋也漸漸融入伊豆群島的風景中。與前一代相同，她也準備在夏天化身為大受好評的東京灣納涼船。雖然是期間限定，不過週六日停靠橫濱時，也能上船享受前往東京約1小時35分的海上旅行（東京灣夜景行程），為此參加行程的人更是年年增長。

如前述，Salvia Maru有時也會作為小笠原丸替代船遠征父島。我想今後她也會馳騁在東京的各個島嶼之間，受大都會東京及港都橫濱的人們喜愛吧。

船舶資訊 2020年建造於三菱重工業下關造船所　總噸位6099噸　全長118m　寬17m

航海速度20節　載客量1343人（沿海區域）　貨櫃裝載數38個

通常航行於東京～（橫濱）～大島～利島～式根島～神津島航線，

或是東京～三宅島～御藏島～八丈島航線

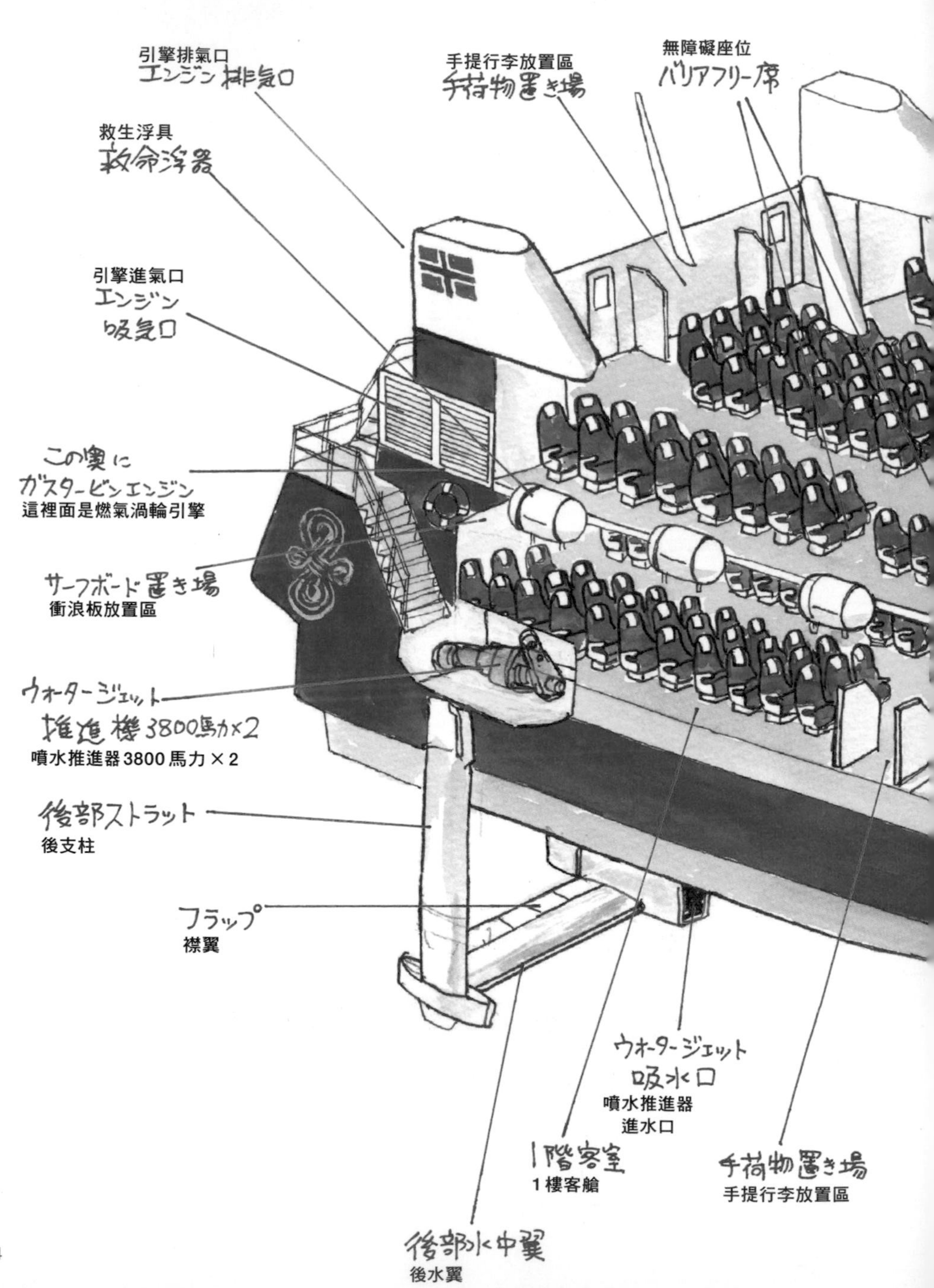
引擎排氣口
エンジン排気口
救生浮具
救命浮器
引擎進氣口
エンジン吸気口
この奥にガスタービンエンジン
這裡面是燃氣渦輪引擎
サーフボード置き場
衝浪板放置區
ウォータージェット推進機3800馬力×2
噴水推進器3800馬力×2
後部ストラット
後支柱
フラップ
襟翼
手提行李放置區
手荷物置き場
無障礙座位
バリアフリー席
ウォータージェット吸水口
噴水推進器
進水口
1階客室
1樓客艙
手荷物置き場
手提行李放置區
後部水中翼
後水翼

東海汽船股份有限公司

噴射水翼船

七島結

川崎重工業相隔25年所建造
飛翔於海上的噴射機

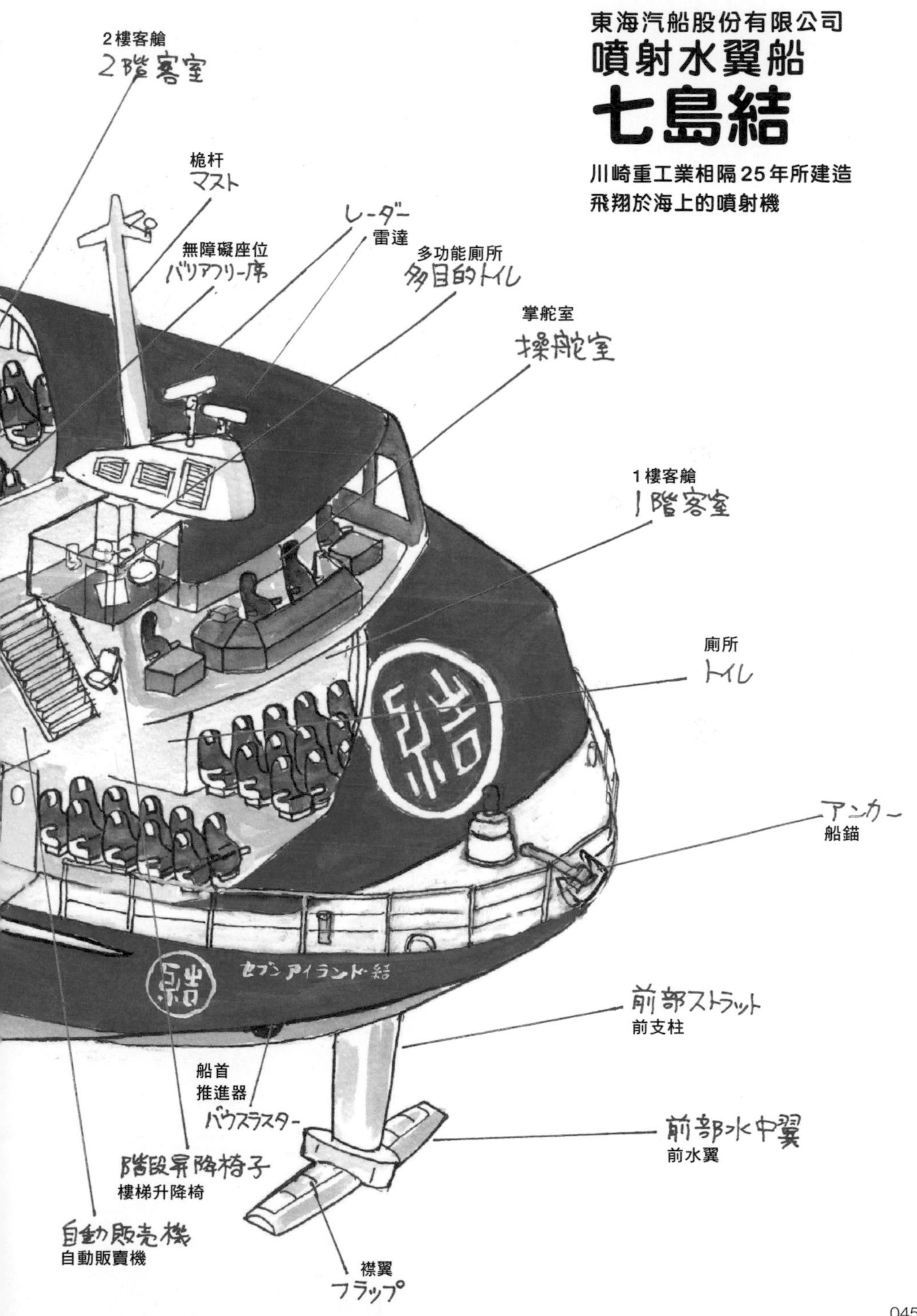

飛機製造商打造的熱門船舶商品

高速水翼船「Jetfoil」系列目前主要活躍於佐渡航線、壹岐對馬航線、五島列島航線、種子島屋久島航線等日本各地的離島航線。

Jetfoil原本是美國飛機製造商波音公司為軍事用途而開發、稱為波音929的高速艇，不過自1974年起轉而開始建造民用型號；從1977年（昭和52年）佐渡汽船的Okesa號以來，日本也引進了大量的Jetfoil。然而在1985年波音停止生產後，雖然日本的川崎重工業還是有獲得授權繼續生產Jetfoil，但直到1994年（平成6年）就連川崎重工也結束所有Jetfoil的建造，至今不知不覺間也已過了25年的漫長歲月。

雖說Jetfoil有著難以承受跟鯨豚等海洋生物相撞的缺點，但因為跟海面接觸的部分極少，不容易受到波浪的影響而產生搖晃，所以在任何客船公司都受到重用，可是近年來老朽化的問題實在太過嚴重，無法等閒視之了。

即使如此，考量到以這尺寸的船來說頗為高昂的建造費用，各間公司還是沒能下決心汰換，只能繼續細心呵護這些舊船。是直到最近，承擔伊豆群島北部旅客運輸業重要角色的東海汽船終於鼓起勇氣，委託唯一還能建造Jetfoil的川崎重工業神戶工廠建造新船，才有了這艘最新型的Jetfoil「七島結」。

為了彌補這25年的空窗期，七島結在建造時參考了保管在神戶工廠裡同屬東海汽船並已經退役的七島夢，並重複利用部分零件。在經過重重困難後，七島結於2020年（令和2年）與同樣是新船的客貨船Salvia Maru一起亮相。

駕駛席

宛如飛機駕駛艙般的控制台，整體色調也統一成黑色。為了避免和鯨豚相撞，船上還配備了UWS（水下聲響發生裝置）。

順帶一提，七島夢保管在川崎重工業的工廠中面向神戶港的位置，並拆下了所有跟水翼有關的零件，輪機室跟客艙也呈現清空狀態（船名、公司名還有煙囪上的標識還保持原樣）。若搭上神戶港內的觀光船或海上餐廳，就有機會近距離看到七島夢。

46年前的外觀，最新銳的內裝

回頭來看這艘新的七島結，船內配備了多功能廁所、樓梯升降椅、輪椅專區等等，到處都可以看到現代新船所積極採用的無障礙空間，不過撇除這點，包含船的外觀在內，我非常驚訝的是整艘船幾乎完整承襲了46年前以來的設計，這也側面說明當年波音公司的基本設計簡直趨近完美（就別去想其實可能是因為工廠沒有餘力採用獨創元素了吧)。

不過實際坐到座位後可以發現跟其他的舊船比起來，七島結的座椅不論安全帶還是坐墊都來得舒適許多。

另一方面，我在參觀駕駛席時也發現原本的圓形儀表或各種按鈕都已更換成多片液晶螢幕，各項儀器也全都數位化，看起來就完完全全像是一艘最新型的現代船隻。

說到乘坐的感覺，包含七島結在內的這些Jetfoil跟一般的船可說是截然不同。

如同名稱所示，船身的動力來源是燃氣渦輪引擎推動噴水推進器進行噴射，使船身在航行時會懸浮於海面數十公分到1公尺以上，因此即使海上有些波浪也幾乎不會感受到船身的晃動，反而那輕微的船身振動有種引人入睡的神奇魔力。若是一般的船碰上浪高2～3m左右的波浪（3.5m以下可繼續航行，而且根據波音公司的測試，若是波長很長的波浪甚至到13m也能繼續航行），那麼就差不多會出現暈船的人了，然而若在這艘船上，搖晃程度也頂多就是飛機碰上小亂流的感覺，跟一般擺盪幅度很大的搖晃完全不一樣，我想應該很難暈船才是。

不論是船內的設備、噴射引擎的尖銳聲響或是乘坐舒適度，任何一項都與普通的高速船有著明顯區別；坐在這冠上波音之名的船中彷彿就像在搭飛機，以換算時速超過80㎞的速度不斷超越其他船隻的光景實在令人心曠神怡。

唯一可惜的是為了安全，乘客必須繫上安全帶而且無法在船內走動，當然也不可能走到甲板外，因此這艘船或許不適合想追求海上旅行氣氛或想拍攝自然風景的人。

雖然我想有很多人可能覺得既然要搭船就要搭這艘最新的七島結，不過東海汽船的4艘Jetfoil目前仍會從東京或熱海等地前往各個中途停靠港及目的地，通常來說會搭到哪艘船不到當天是不會知道的，乘客難以自行選擇想要搭乘的船。針對這點還請大家要多多包涵了。

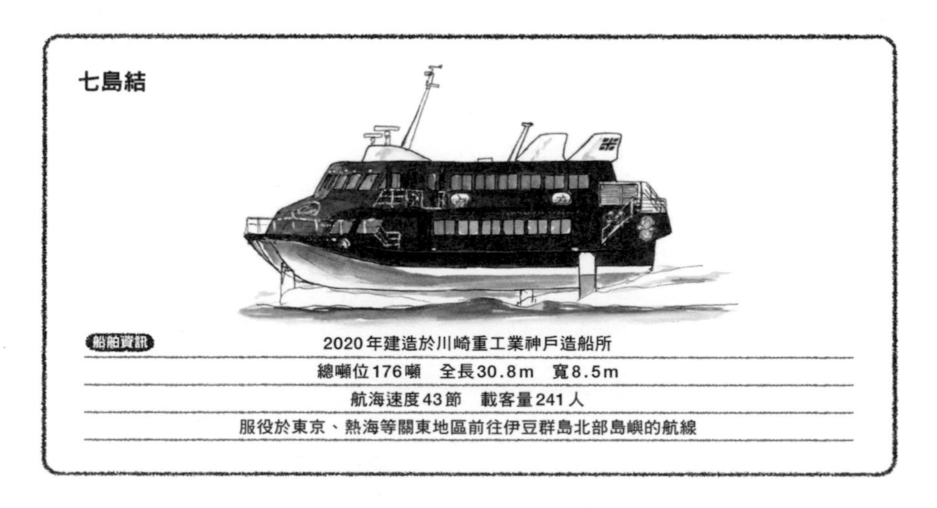

JR九州高速船股份有限公司

三體型高速客船 QUEEN BEETLE（皇后甲蟲）

服役於博多～
釜山航線的澳洲製中型三體船

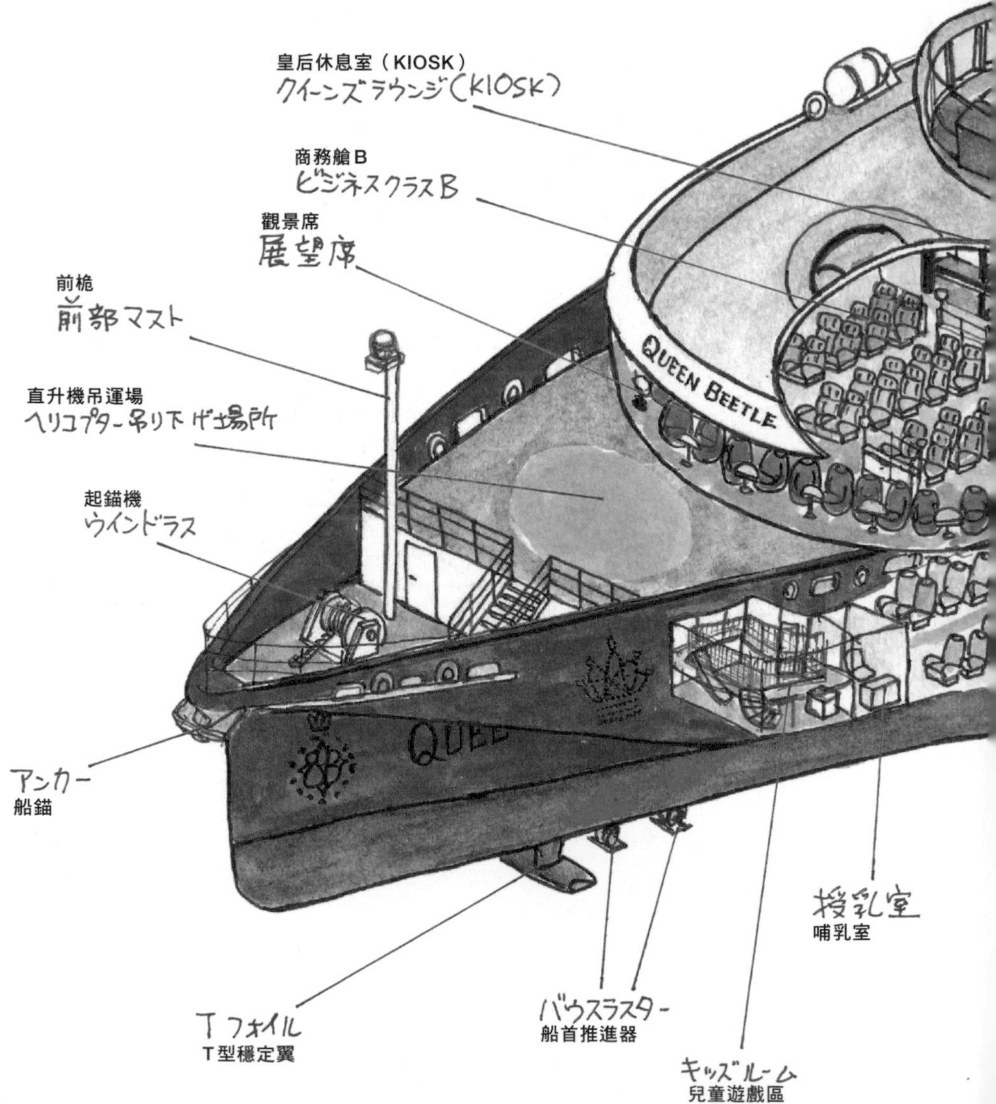

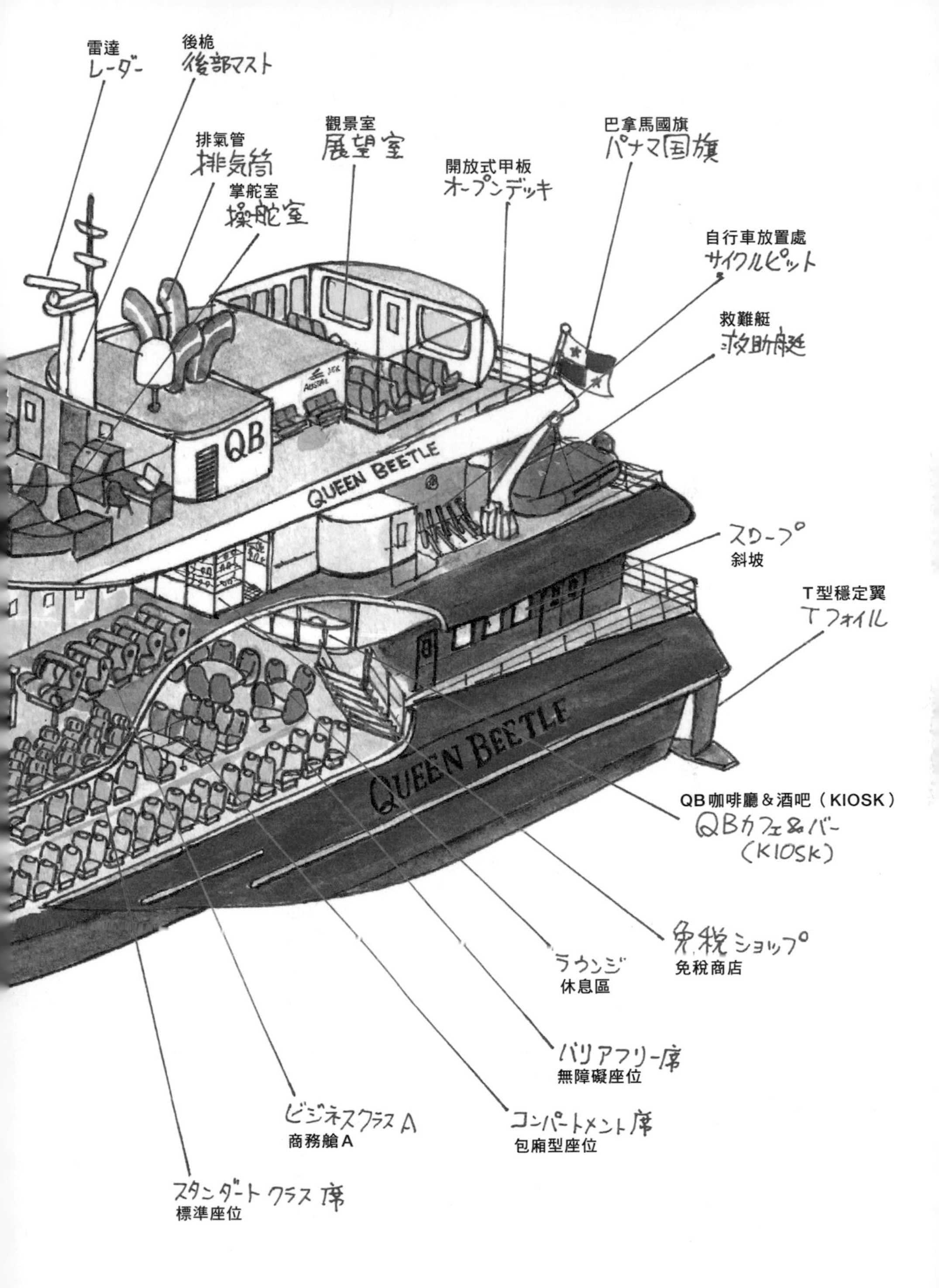

雷達
レーダー
後桅
後部マスト
排氣管
排気筒
掌舵室
操舵室
觀景室
展望室
開放式甲板
オープンデッキ
巴拿馬國旗
パナマ国旗
自行車放置處
サイクルピット
救難艇
救助艇
QB
QUEEN BEETLE
スロープ
斜坡
T型穩定翼
Tフォイル
QB咖啡廳＆酒吧（KIOSK）
QBカフェ&バー
（KIOSK）
免税ショップ
免稅商店
ラウンジ
休息區
バリアフリー席
無障礙座位
ビジネスクラスA
商務艙A
コンパートメント席
包廂型座位
スタンダートクラス席
標準座位

生於苦難時期之中的美麗客船

JR九州高速船起源自鐵道省（之後的日本國有鐵道），鐵道省在過去二戰前曾派出許多船隻如興安丸等關釜聯絡船服役於下關～釜山航線；到了JR九州高速船時期，長年以來也都經營著從福岡博多港到釜山港的Jetfoil高速船，稱為「BEETLE」系列。不過隨著追求大型化跟舒適性的聲浪越來越大（可以自由在船內走動並前往外面的甲板），公司決定引進澳洲高速船製造商Austal的三體型高速船，也就是這艘QUEEN BEETLE。

提到澳洲的高速船，通常會想到在日本被當作渡輪使用，由其他公司所生產的穿浪式雙體船，可因為其形狀的關係，這些雙體船左右搖晃的程度頗為激烈，在波濤洶湧的日本近海很難稱得上有好的評價。

關於這點，三體船中央有著細長的主船體，寬廣的甲板由兩側同樣細長的副船體透過浮力支撐，這使得三體船較能減輕左右的搖晃；雖然36節的速度低於Jetfoil，但乘客能從安全帶上解放。基於舒適性跟安全性，JR九州高速船最終選擇了三體船。

由於是在國外建造並航行於外國航線，因此QUEEN BEETLE從建造前便有著許多課題，不過透過申請為巴拿馬船籍，或做成民用船級來縮短工期進而減少建造成本，成功解決了這些課題。

然而就在建造中的2020年（令和2年），受到席捲全世界的新冠肺炎疫情的影響，主要機械部分的檢查技師無法進入澳洲，這使QUEEN BEETLE的完工延遲了半年；即使完工了，但當時疫情仍然肆虐全球，QUEEN BEETLE還是無法前往原本要服役的博多～釜山航線。更悲慘的是因為申請為巴拿馬船籍，所以還沒辦法轉用到國內航線，於是自她來到博多港後除了試航以外，幾乎都只能待在碼頭裡望著大海乾瞪眼。

原本根據法規，外國籍的船舶不能只服役於國內航線，幸好國交省為了打破這個窘境，2021年時以特例的方式允許觀光郵輪只要沒有中途停靠其他港口就能在國內航行，因此在這篇文章執筆當下，QUEEN BEETLE已經以週六日和國定假日為主，開始提供從博多港出發且沒有停靠其他港口的觀光行程，觀光時長約1小時半到3小時左右，最後再回到博多港停留。在這些行程中尤其以玄界灘中的孤島，也是世界文化遺產之一的「神宿之島」沖之島周邊的觀光行程最為炙手可熱。

簡直就像一台義大利超跑

我第一次在博多港看到她的身姿時，其纖長的船身與代表JR九州的深紅色企業色讓我聯想到義大利跑車的法拉利，不由得大嘆一聲「好、好帥啊！」。

船身與充滿時尚感的內裝是由經手多輛JR九州列車的水戶岡銳治所設計，船身外殼到處寫上QUEEN BEETLE或QB的船名也是他的獨有特色。

此外總噸位雖然在數字上不足2600噸，但20m的全寬幾乎匹敵1萬噸級的大型客船，內部實際上也相當寬闊。

樓層分為3層，1樓主要是382席的標準座位，後方有販售亭形式的咖啡廳，再更後面則配置有方便拖曳大型行李或自行車的髮夾彎形長坡。船首一側也設置了兒童遊戲區（左舷）跟哺乳室（右舷），充分考量到家庭出遊的需求。

高速船卻有著郵輪的舒適乘坐感

上到2樓是120席的商務艙座位。相較於標準座位，商務艙的座椅更加寬大舒服。

尤其商務艙A的膠囊型座椅充滿包覆感，不僅附上圓窗還有很大的平躺角度，我才剛坐下去就舒服到快要打盹了。

2樓中央與1樓同樣有個販售亭形式的咖啡廳，後方則是彷彿精品店一般的寬廣免稅商店（當然，在國內行程時並非免稅）。

最後來到有掌舵室的3樓，雖然船尾不是很大，但有3面被玻璃窗包圍的觀景室，觀景室周圍則是木紋質感的開放式甲板。能夠像這樣呼吸外面的空氣，

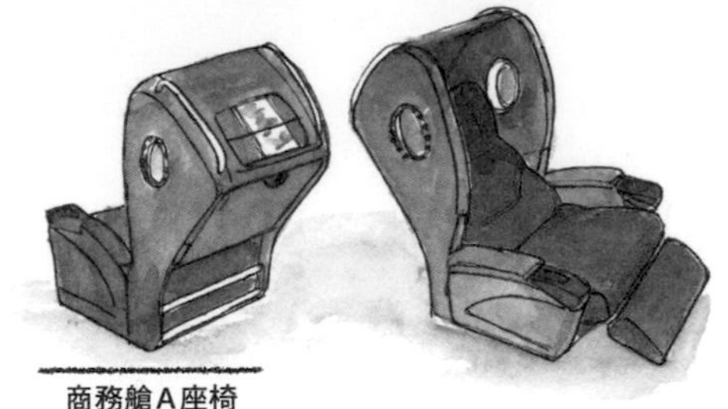

商務艙A座椅

商務艙的座椅都同樣有著140cm的前後椅距跟160度的躺椅結構，另外還配備有AC電源插座、USB介面、讀書燈以及腳凳。

沉浸在搭乘郵輪般的氣氛中，是QUEEN BEETLE跟以往Jetfoil最大的不同，也是最吸引人的優點，光是欣賞從船尾噴嘴噴出的強勁水流與獨特的航行尾跡就非常開心了。

不論如何，我想往後不會再有機會搭乘像這樣一艘時尚又舒適的外國籍大型高速船，而且還不需要護照就能享受短時間的國內觀光行程。

雖然我希望疫情快點結束，讓QUEEN BEETLE回到服役的博多～釜山航線，但我也期待在那之前能有更多的人體驗搭上QUEEN BEETLE的航海樂趣。

QUEEN BEETLE
（皇后甲蟲）

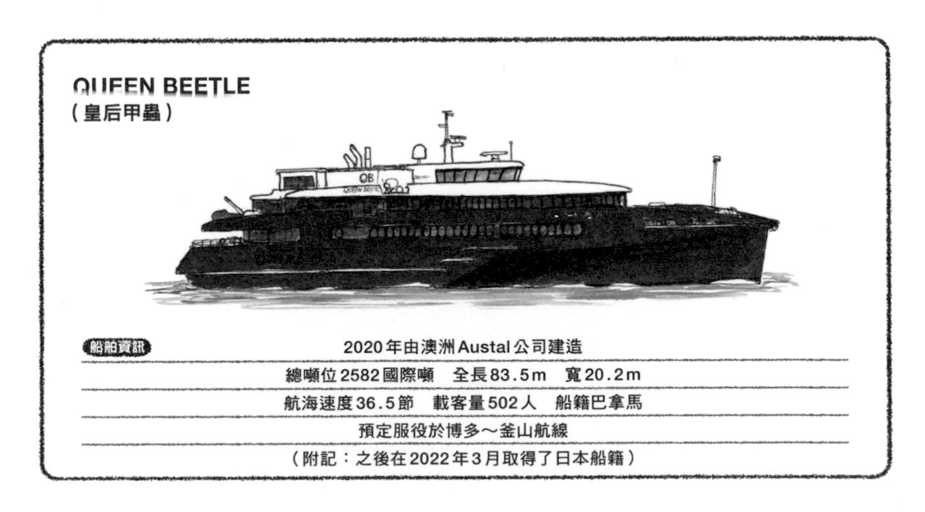

船舶資訊

2020年由澳洲Austal公司建造

總噸位2582國際噸　全長83.5m　寬20.2m

航海速度36.5節　載客量502人　船籍巴拿馬

預定服役於博多～釜山航線

（附記：之後在2022年3月取得了日本船籍）

鄂霍次克GARINKO TOWER股份有限公司

觀光破冰船

GARINKO號 Ⅲ IMERU

以世界少見的破冰方式穿越鄂霍次克海的浮冰觀光船

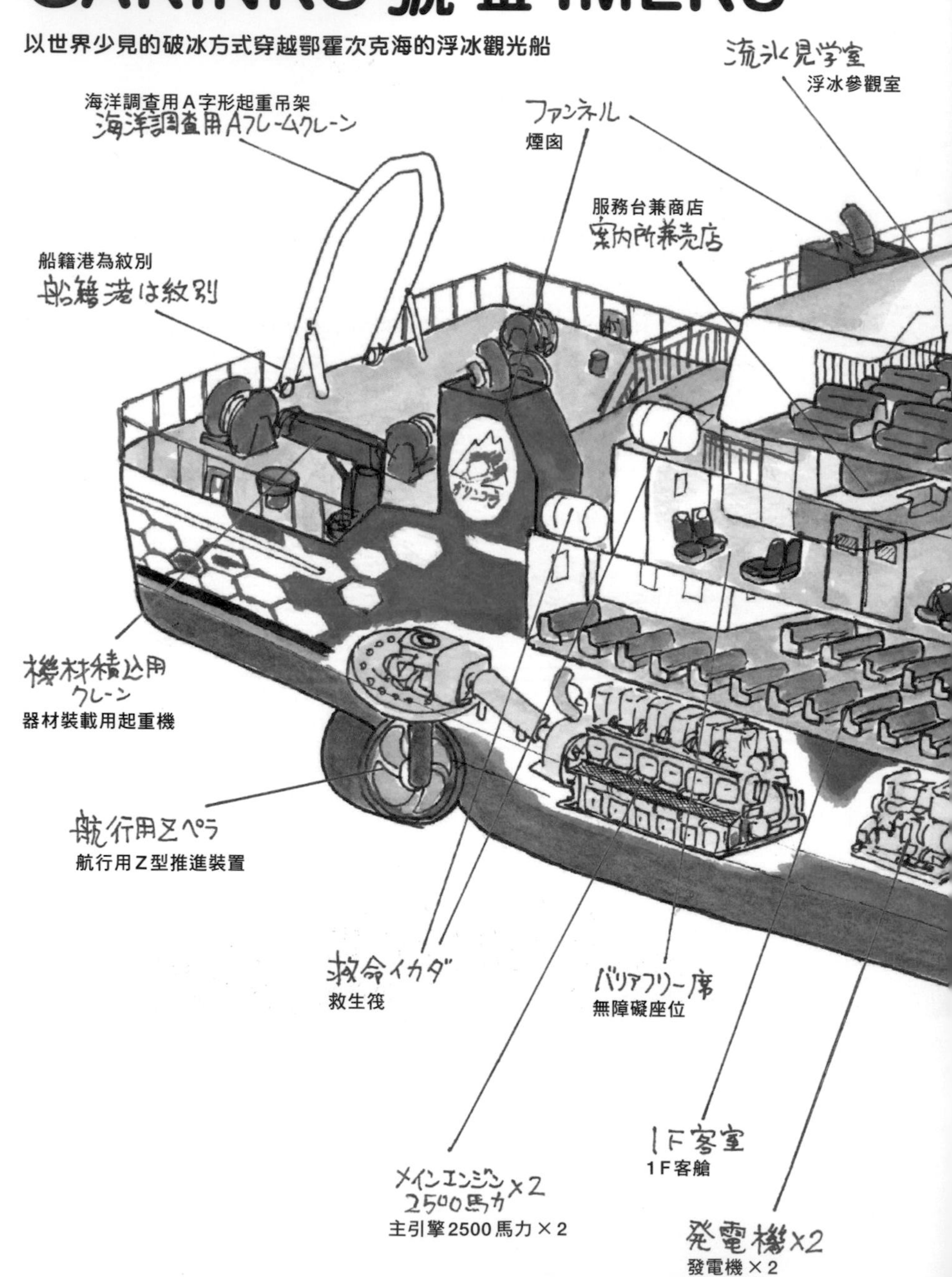

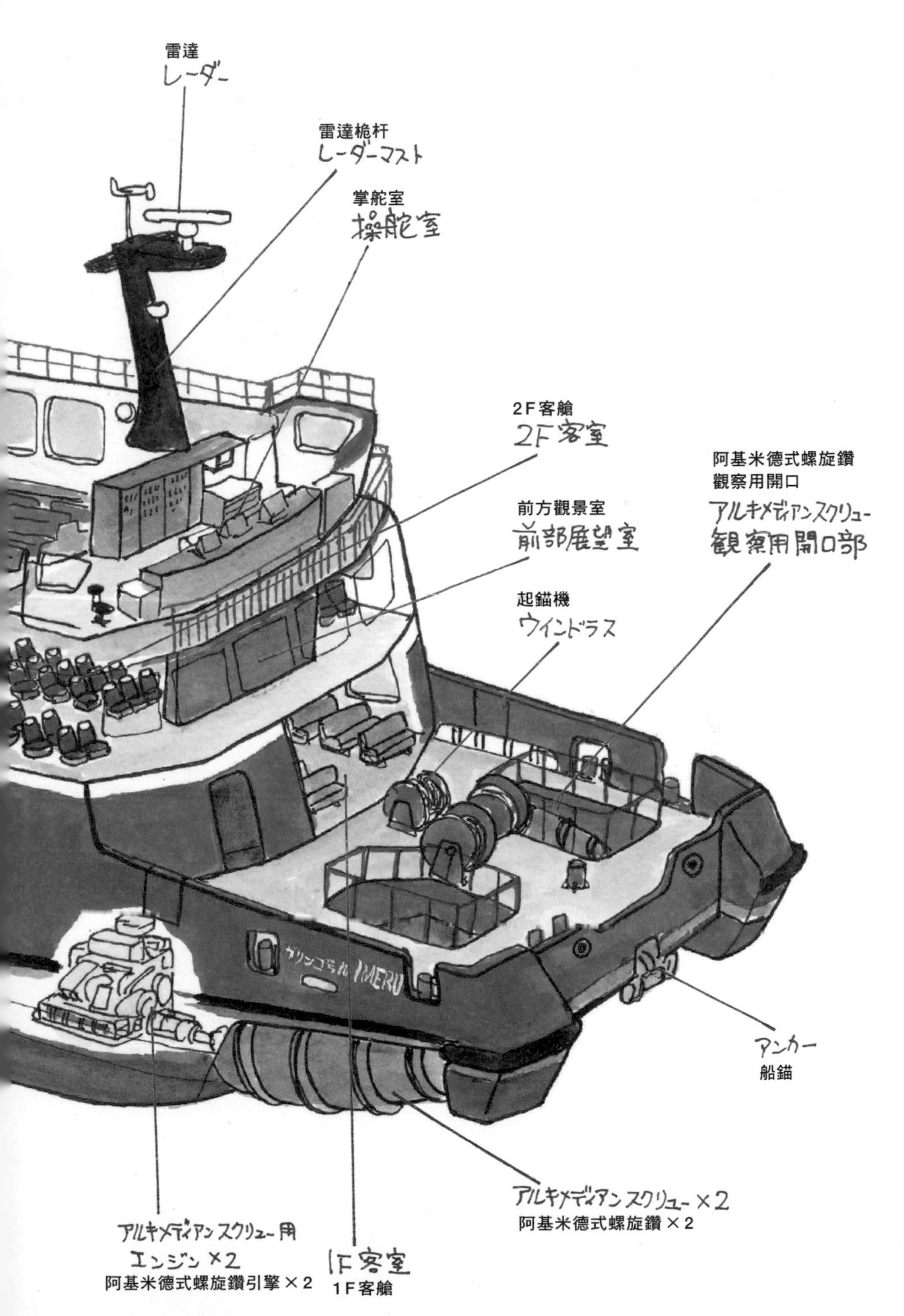
雷達
レーダー
雷達桅杆
レーダーマスト
掌舵室
操舵室
2F客艙
2F客室
阿基米德式螺旋鑽
觀察用開口
アルキメディアンスクリュー
観察用開口部
前方觀景室
前部展望室
起錨機
ウインドラス
IMERU
アンカー
船錨
アルキメディアンスクリュー×2
阿基米德式螺旋鑽×2
アルキメディアンスクリュー用
エンジン×2
阿基米德式螺旋鑽引擎×2
1F客室
1F客艙

阿基米德式螺旋鑽的威力

日本列島南北細長，從南國椰子樹茂盛的亞熱帶島嶼，到冬天被冰雪封鎖、自然環境嚴苛的北國大地，在日本能看到各式各樣的季節風情。

在每年的冬天，從遙遠的庫頁島北方海域會有大量浮冰漂流到北海道北部面向鄂霍次克海的沿岸地區，因此常有很多觀光客聚集在此只為親眼一見壯闊的浮冰景色。在本地沿岸的紋別港中，從以前開始就有破冰觀光船GARINKO號在此提供觀光行程；而最近推出的全新第三代破冰船，便是這艘GARINKO號Ⅲ IMERU。

通常所謂的破冰船，是像南極觀測隊所搭乘的破冰艦AGB-5003白瀨號那樣，透過船的重量、馬力和厚實的船首憑蠻力將冰層擠壓撞碎，不過歷代GARINKO號則都採用在船首配置一對稱為「阿基米德式螺旋鑽」、名字聽起來很聰明的巨大螺絲狀旋轉機具，藉由在冰層上旋轉的方式來擊碎冰層，是全世界船舶中也很罕見的破冰方式。

順便一提，同樣位處鄂霍次克海沿岸不過更為東邊的網走市，則有跟白瀨號一樣憑藉船身及蠻力來破冰的觀光船極光號與極光2號在此服役。

GARINKO號Ⅲ IMERU從建造地九州回到紋別的途中，我曾有幸在橫濱港參觀、採訪這艘船。其船身塗上跟破冰艦相同的警示橘，這種顏色讓船隻即使在冰海中也有極高的視認性。除此之外本船在當時也舉辦了實際演示，其中在阿基米德式螺旋鑽的旋轉測試中，螺旋鑽在橫濱港的海面捲起壯闊的水花，讓我窺視到這艘船巨大威力的一部分。據說螺旋鑽甚至能擊碎最厚達60cm的浮冰。

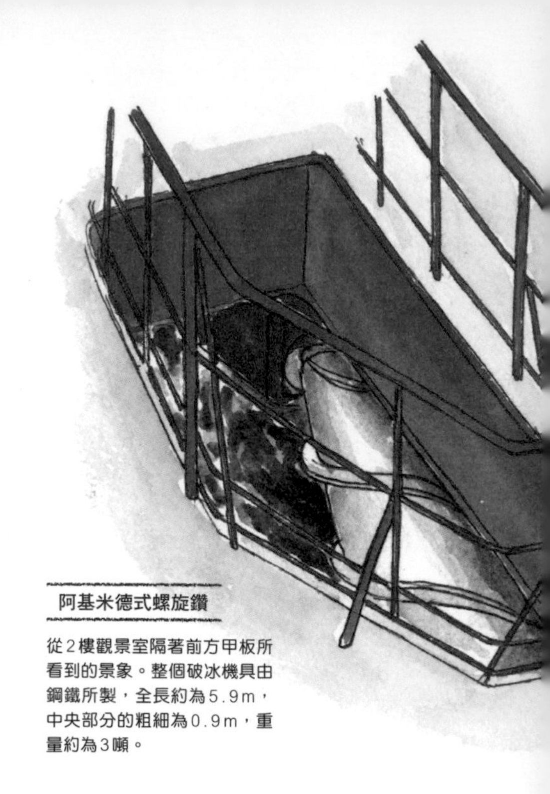

阿基米德式螺旋鑽

從2樓觀景室隔著前方甲板所看到的景象。整個破冰機具由鋼鐵所製，全長約為5.9m，中央部分的粗細為0.9m，重量約為3噸。

照顧到各個層面的船身設計

GARINKO號Ⅲ IMERU的船內分成3層，1樓與2樓是一般的座椅，不過3樓則橫向擺放階梯狀的長椅，這是為了更方便觀察浮冰所做的設計。此外2樓最前方的觀景室在艦橋的正下方，有巨大的玻璃窗讓乘客一覽船外景緻，還能像插圖所示從前方甲板的開口部分清楚看見阿基米德式螺旋鑽擊碎冰塊的模樣。重點在於背面的牆壁甚至塗成全黑以便旅客拍照攝影，細心程度可說無微不至。

來到後方甲板，可以看見船尾裝設有海洋調查船上常見的A字形起重吊架，用來將機器垂放至海底，是以往GARINKO號沒有的裝置；由於普通的調查船無法在滿是浮冰的海面進行如浮游生物採集等海洋學術調查，因此這艘船肩負起了浮冰區採樣的責任。以上這些照顧到全方面的做法實在令我嘆服。

參觀輪機室會發現除了主引擎跟發電機之外，最前方還有阿基米德式螺旋鑽專用的500馬力柴油引擎……無知的我原本以為螺旋鑽要不就是由主引擎驅動，要不就是透過馬達和發電機的電力來驅動，直到此時我才知道真正的構造。

本船用於一般航行的是2座2500馬力的引擎，並藉由跟普通拖船相同的全角度POD推進器「Z型推進裝置」前進。由於之前GARINKO號都是一般的固定螺旋槳與船舵，因此GARINKO號 Ⅲ IMERU的操作性能算是得到大幅提升。

更令人驚訝的是，雖然是觀光船，卻能以最高16節的速度航行。明明前一代GARINKO號Ⅱ只有11節，普通觀光船也頂多只有10節，為什麼可以跑這麼快？詢問船長後得知，由於之前的船速度追不上遙遠位置的浮冰，很難在設定的航行時間內抵達遠處的浮冰區，常讓好不容易來此一遊的客人們感到失望；為了盡可能消除這種遺憾，才將船速提升到這個速度。據說前一天傍晚擠入港口的浮冰在隔天凌晨就完全消失的事情也時常發生。公司那不惜下重本提高建造費與燃油費也只為讓旅客有良好觀光體驗的理念，實在令我感動不已。

GARINKO號 Ⅲ IMERU所提供的浮冰觀光行程，大約在浮冰漂到紋別的1月中旬至浮冰遠離的3月中旬（隨當年浮冰情況有所變動）。起點所在地的紋別海洋公園內，也在陸地上展示著已經成為北海道遺產之一的第一代GARINKO號。

在日本，只有這個海域能欣賞到整個海面被冰塊覆蓋的白色世界，機會相當難得……即使是非常怕冷的我，也希望總有一天能親眼見到這副光景。

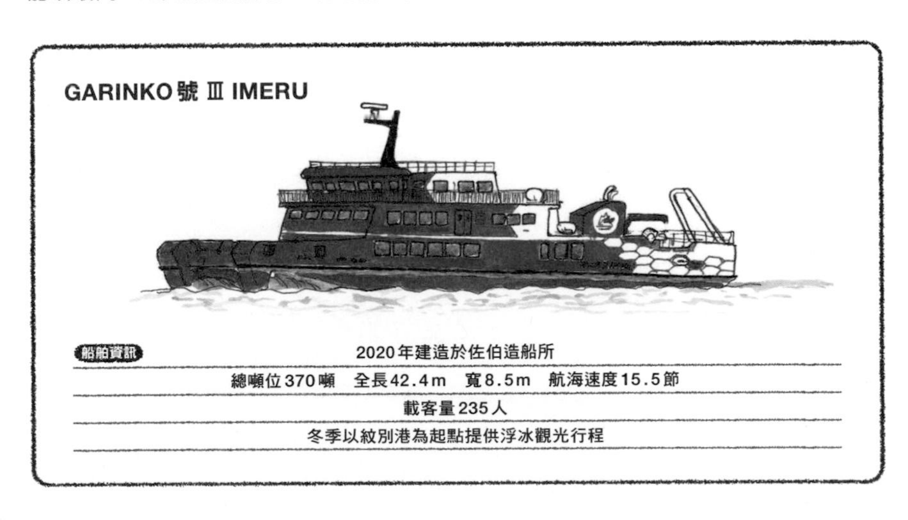

股份有限公司Sealine東京

海上餐廳
Symphony Moderna

東京港史上最大的郵輪海上餐廳

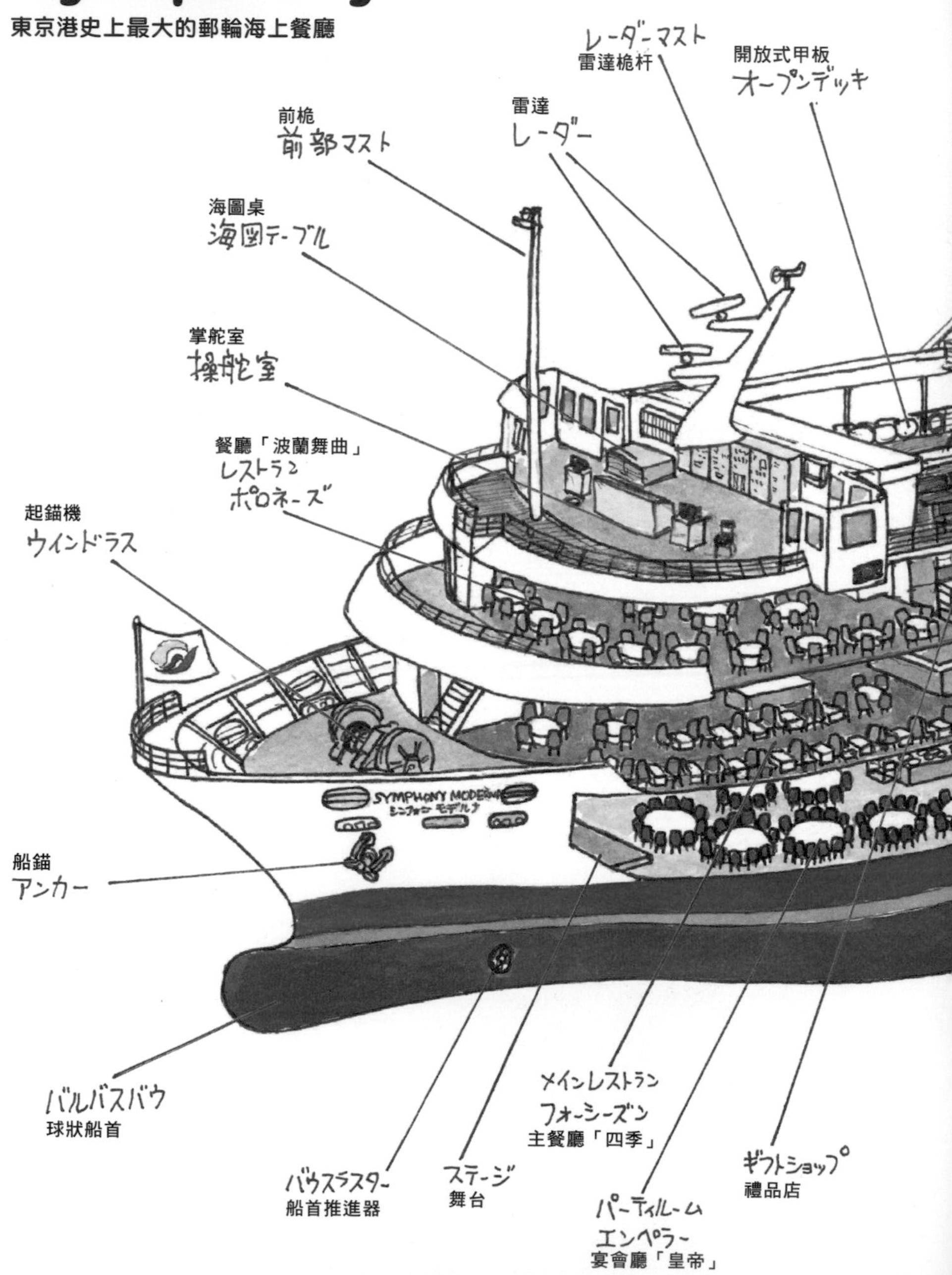

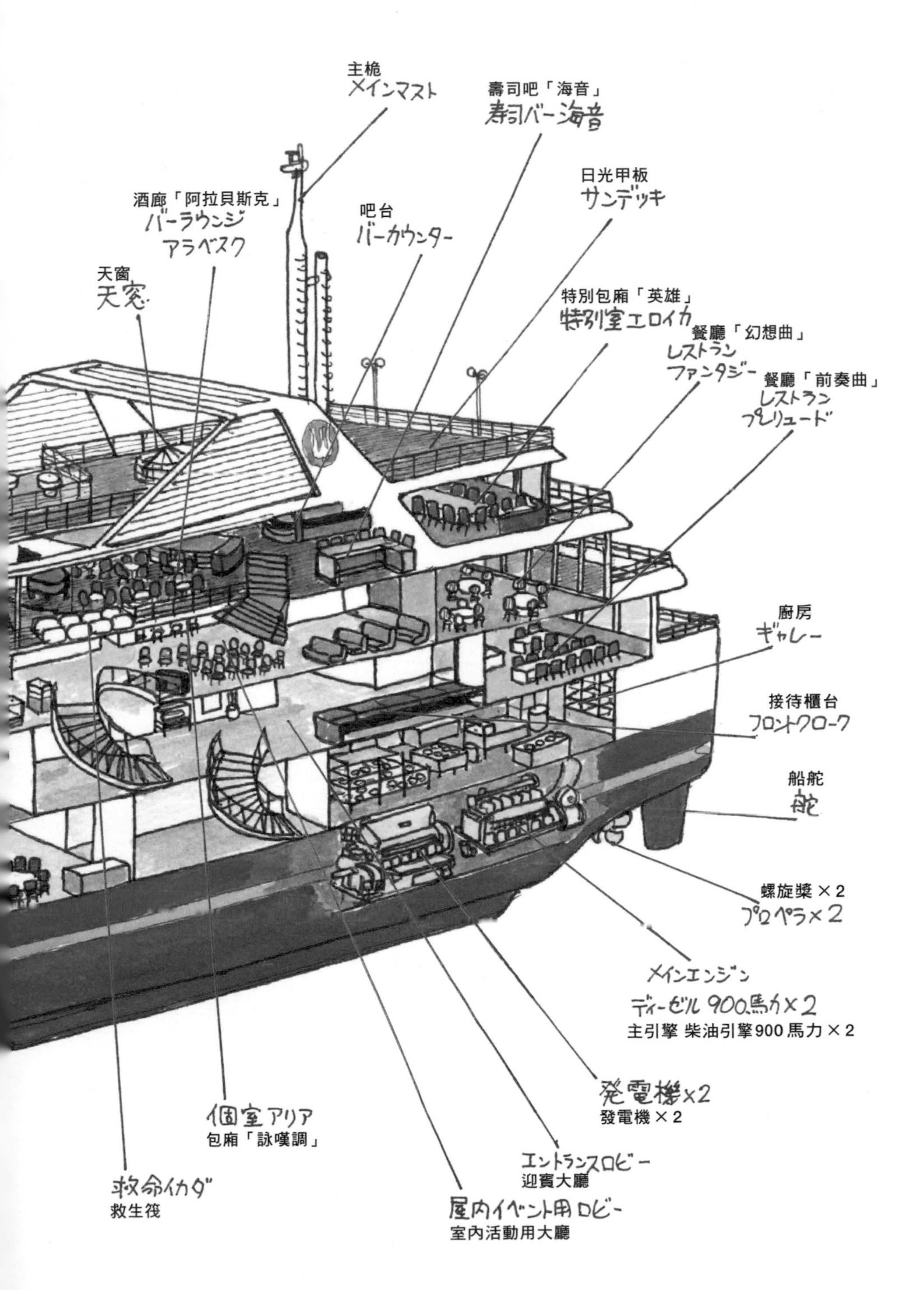
主桅
メインマスト
壽司吧「海音」
寿司バー海音
日光甲板
サンデッキ
酒廊「阿拉貝斯克」
バーラウンジ
アラベスク
吧台
バーカウンター
天窗
天窓
特別包廂「英雄」
特別室エロイカ
餐廳「幻想曲」
レストラン
ファンタジー
餐廳「前奏曲」
レストラン
プレリュード
廚房
ギャレー
接待櫃台
フロントクローク
船舵
舵
螺旋槳 × 2
プロペラ×2
メインエンジン
ディーゼル 900馬力×2
主引擎 柴油引擎900 馬力 × 2
発電機×2
發電機 × 2
個室アリア
包廂「詠嘆調」
エントランスロビー
迎賓大廳
救命イカダ
救生筏
屋内イベント用ロビー
室內活動用大廳

將泡沫經濟時代的繁華傳承至今的船

1989年（平成元年）已是泡沫經濟時代的末期，當時大多數的人們都還以為景氣會變得愈來愈好；在海運業界，甚至有模有樣地將其稱呼為郵輪元年，大力推動著各項國際郵輪的計畫（在那之前日本的郵輪要不就是二手船，要不就是渡輪或客貨船改造而來的舊船）。即使是國內用的客船，也企圖效仿歐美而積極建造出一艘又一艘的海上餐廳。

在東京港搶先一步進佔的是觀光巴士公司「哈多巴士」集團旗下的股份有限公司Sealine東京，他們選擇在當時逐漸變成熱門時尚景點的芝浦附近的日之出碼頭讓1100噸的豪華海上餐廳「Symphony」啟航。在大獲成功後，嚐到甜頭的Sealine東京在3年後的1992年（平成4年），進一步推出大小超過Symphony兩倍有餘的Symphony 2，並隨著6年後的重新裝潢改成了現在的名字Symphony Moderna。

順帶一提，其姊姊Symphony也在同一時期重新裝潢，並同樣改成現在所使用的名字Symphony Classica。

寬廣多樣的船內空間

船內相較於Classica的3層旅客空間，Moderna則是4層結構，除了大小不一的6個餐廳及宴會廳，還設有酒廊、插圖所示的包廂與壽司吧，可說完全為了海上觀光及用餐所設計。

雖然每個餐廳都有其獨特的裝潢風格，不過最值得一書的應該就是4樓的壽司吧「海音」（讀作Kanon），因為這裡或許是日本的海上餐廳中唯一的日式料理空間；國際郵輪裡雖然有飛鳥2號的海彥或日本丸的潮彩等壽司吧，但不論哪一間都是背海洋而坐，無法享受到難得的海上旅行氣氛。然而這艘的吧台設置成用餐時可以面向大片玻璃窗遠望東京港美麗夜景、正在羽田機場起降的飛機，再配上美味的懷石壽司料理，使用餐成了一件無比幸福的事。

包廂Aria

供2人～4人使用的包廂，使用費為1萬日圓（餐點費用另付）。想在二人的特別紀念日來場秘密約會時不妨預約看看。

緊鄰在壽司吧旁邊的酒廊Arabesque不須訂位，支付登船費就能悠閒地坐在此處點飲料、輕食及單杯的酒品，不妨來到港邊遊玩時帶著輕鬆的心情上船看看。大部分時候我其實也是像這樣來到港邊就順便上船度過一段海上時光。

離開酒廊前往外面，在與船身前方的艦橋之間有片寬廣的開放式甲板。

在特定節日的行程中，這片甲板會舉

辦各式各樣的娛樂活動。另外包含走上階梯後的頂層甲板在內，這些甲板全都採用柚木材質，看起來舒適明亮，想要拍攝進出東京港的船舶或在羽田機場起降的飛機時，這裡可說是最佳地點。

3樓有室內活動用的大廳，在行程即將結束時會在此舉辦歌曲或樂器演奏的迷你音樂會，除此之外附近還有日本國內的海上餐廳相當少見的船內禮品店。

多采多姿的用餐行程

這間公司除了1天4次的一般行程外，還提供了普通遊客也能參與的特別企畫行程，比如在盛夏夜晚的深夜12點後才出港，並在甲板舉辦星空觀察會或凌晨的瑜珈教室，直到早上才回航的「深夜野餐行程」，又或是穿越海螢火蟲休息站的橋並遠航至橫須賀海域的6小時「大航海行程」等等，都是人氣非常高的海上觀光行程。

「法式料理的鐵人」坂井宏行主廚以前曾在這艘船上推出改編自鐵達尼號最後一餐菜單的「美食之夜行程」，當時我有幸參與監修及繪製海報插圖的工作，也作為解說員登船進行解說，那實在是一次很美好的經驗。

雖然本船頗有年紀，但無論是餐點、船內氣氛、娛樂活動等等，每一項都有著極高的品質，精緻程度絲毫不輸國際郵輪。若各位感嘆平時實在沒什麼時間搭乘國際郵輪，那我極力推薦搭上這艘船試試看，不僅能享受美味可口的各式料理，還能體驗豐富多彩的旅遊行程。

順帶一提，姊妹船Symphony Classica目前只提供團體包船行程，一般遊客平時無法搭船。不過說到船內裝潢，不愧是泡沫經濟的產物，豪華程度跟Moderna相比可說是有過之而無不及，尤其中央階梯的黃銅扶手每天都擦得光亮如新，大氣而優雅。此外本船的婚宴行程即使人數較少也能包船，費用也與一般飯店相去無幾，最有趣的是船長也會作為婚禮見證人出席，有興趣不妨參考看看。

船舶資訊

1992年建造於神田造船所川尻工廠

總噸位2618噸　全長83.2m　寬13m

航海速度12.8節　載客量600人

從東京港日之出碼頭出航並提供1天4次的用餐行程

股份有限公司Royal Wing

海上餐廳
Royal Wing

過去曾被稱作瀨戶內海的女王，
是最古老的現役客船

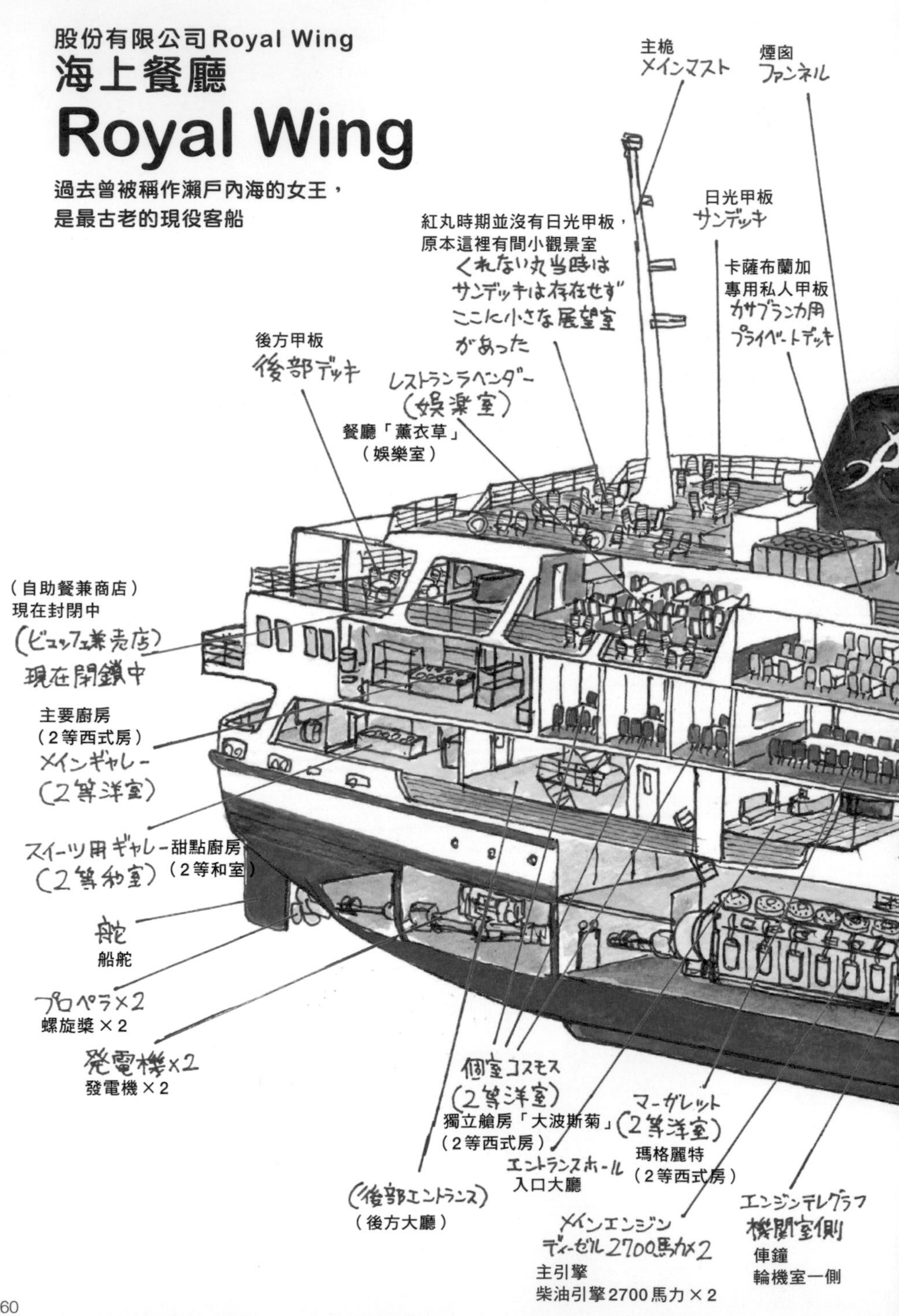

（　）内は1960年、くれない丸として新造当時の名称

（　）內是1960年建造後在紅丸時期的名稱

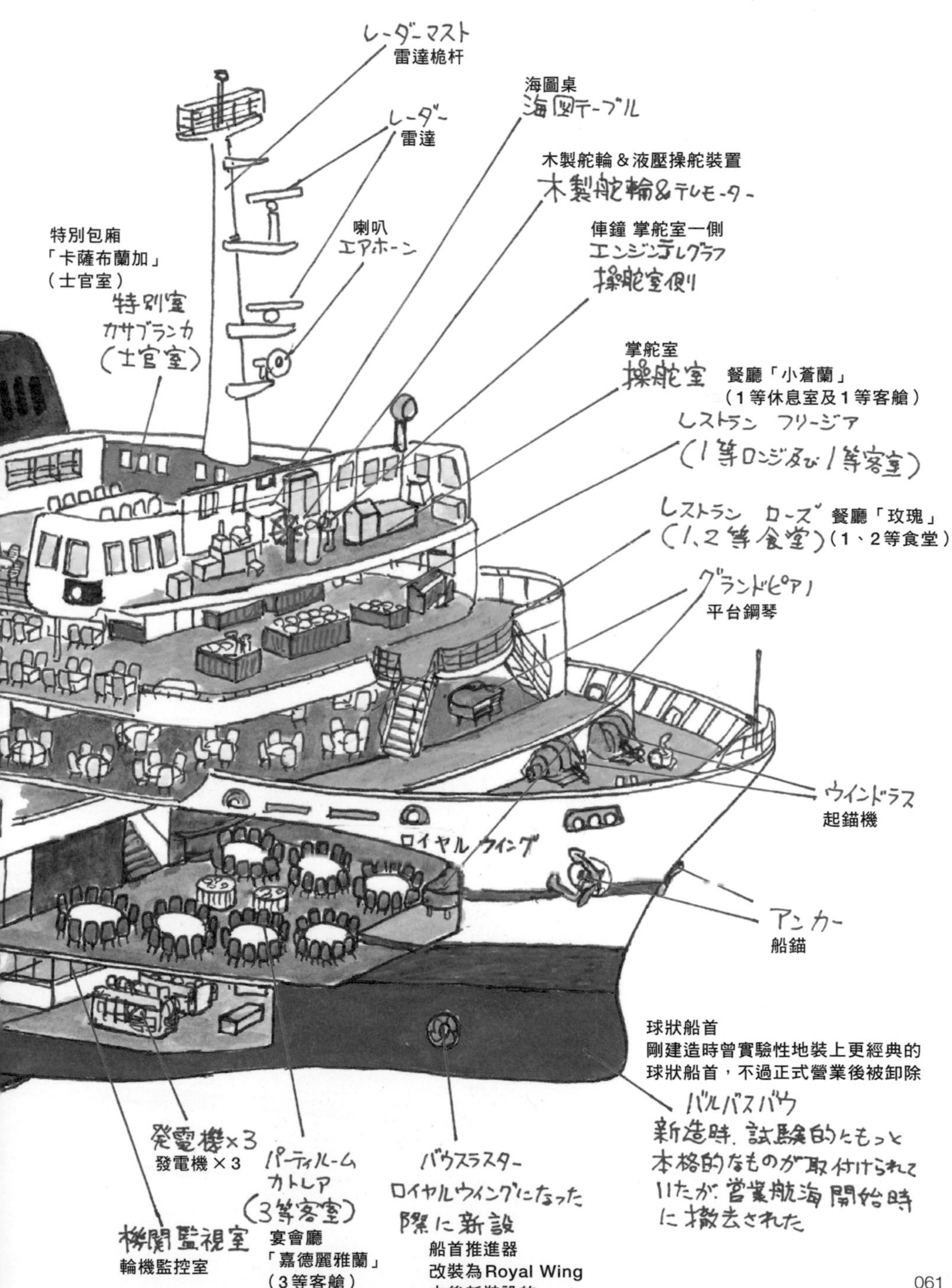

瀨戶內海之女王的華麗變身

太平洋戰爭的傷痕已然癒合，日本進入高度經濟成長期的1960年2月，一艘美麗的客船在神戶的造船所誕生了。

她的名字叫作紅丸，繼承自西部客船業霸主關西汽船的前身「大阪商船」所經營的第一代紅丸，而到了這艘已是第三代。第三代紅丸服役於最著名的熱門航線大阪／神戶～別府。相較於關西汽船之前的船隻，紅丸的尺寸大幅提升，並擁有流線型的船身與煙囪，外觀也漆成明亮的橄欖綠。她與之後誕生的姊妹船紫丸共同被稱為瀨戶內海的女王。

當年還是國外旅行高不可攀的時代，國內的航空業也尚在發展途中。旅客若想從關西地區前往九州，通常會選擇乘坐鐵路或船，因此擁有豪華船艙的姊妹倆便廣泛獲得新婚旅行的夫妻、出差的商務人士、修學旅行的學生等各個客層的好評，尤其她們白天的航線會進入美麗的多島海中，使這條觀光路線受到來自國外觀光客的歡迎，甚至被稱為東洋的地中海。

然而隨著時間流逝，不僅飛行航線變得更為發達完整，同時山陽新幹線也開始營業，更重要的是瀨戶內海的航線也因為車輛的普及而將船改換為現在常見的大型汽車渡輪，於是像她們這樣的純客船便漸漸不再受到矚目。

自建造後過了20年，船身早已老舊的紅丸被繫在九州的造船所中度過了一段漫長的時光，面臨再無人接手便可能解體的命運。就在這時，日本迎來泡沫經濟時代，建造海上餐廳的熱潮也隨之到來。在這熱潮中，認為與其建造新船不如改造既有船隻開展海上餐廳事業的公司看中了紅丸，選擇將其客艙全部變更為餐飲設施；經歷一番大改裝後，紅丸在橫濱港以海上餐廳之姿重獲新生，並改名為現在的Royal Wing。

在這之後雖然Royal Wing不斷易手、經營公司一換再換，船內餐廳的營業形式也常有變動，但船本身幾乎還保持著建造當時古典優美的身姿（除了塗裝外，跟完工當時最顯著的不同之處僅在於艦橋下方1樓、2樓的窗戶配置，以及最上層甲板的觀景室被撤去並將周圍改

電影《鐵達尼號》中也能看見的俥鐘（右）與附有木製舵輪的液壓操舵裝置（左）。雖然幾乎是骨董了，但船員們仍然珍惜地使用這些設備。

掌舵室的操船設備

建為寬廣的日光甲板）。在經過改裝30年後的現在，她依然活力充沛地在橫濱港的大棧橋提供服務。

美味的中華套餐和博物館級的操縱設備

船內包含可以舉辦婚宴的2層樓挑高大廳以及大小共7個用餐場地，從備料到烹飪全都在船上的廚房進行。船上也提供正統的中華料理全餐菜單，吃起來只能說不愧是中華街的所在地橫濱，實在是好吃得不得了。在烹飪途中除了現場演奏音樂，還會有接待人員表演氣球藝術，做好的氣球作品也會贈送給現場客人，在等候餐點的期間不會無聊。

前往最上層的日光甲板可以看見上面鋪設著紅丸時期沒有的木質甲板，使整趟海上旅程更有風情。扶手與艤裝等設備有很多都是從完工當時就使用至今的老骨董，可以從中窺見營運公司對她無比珍惜的態度。

若想進一步感受Royal Wing的歷史價值，還能參加特別的掌舵室、輪機室參觀行程（含餐點，須付費）。這項行程的特別之處在於能看到從建造當時便保留至今，像插圖所畫的博物館級的操船設備和各類機械，這些是在近年才造好的船上絕對不可能看到的珍貴文物。

據說有前來參觀的他船船員這麼說：「不、不是真的用這些東西開船吧？應該在其他地方有真正的掌舵室對吧？」……沒問題的！雖然增壓器已經拆掉，速度僅僅只有6節，但船真的是使用這些設備在橫濱港內東奔西走的。

非常遺憾的是，這麼有趣的參觀行程也隨著執筆當下的疫情而取消。

經過漫長的歲月，不知不覺Royal Wing也成為日本國內最年長的現役客船，當初新婚旅行時登船的夫妻，或許他們的孫子也已經大到可以在Royal Wing上舉辦婚宴了。然而她典雅的身影、美味的料理，也都讓愛船人之外所有深愛港都橫濱的人流連忘返，獲得廣大群眾的支持。真希望她能永遠地航行下去。

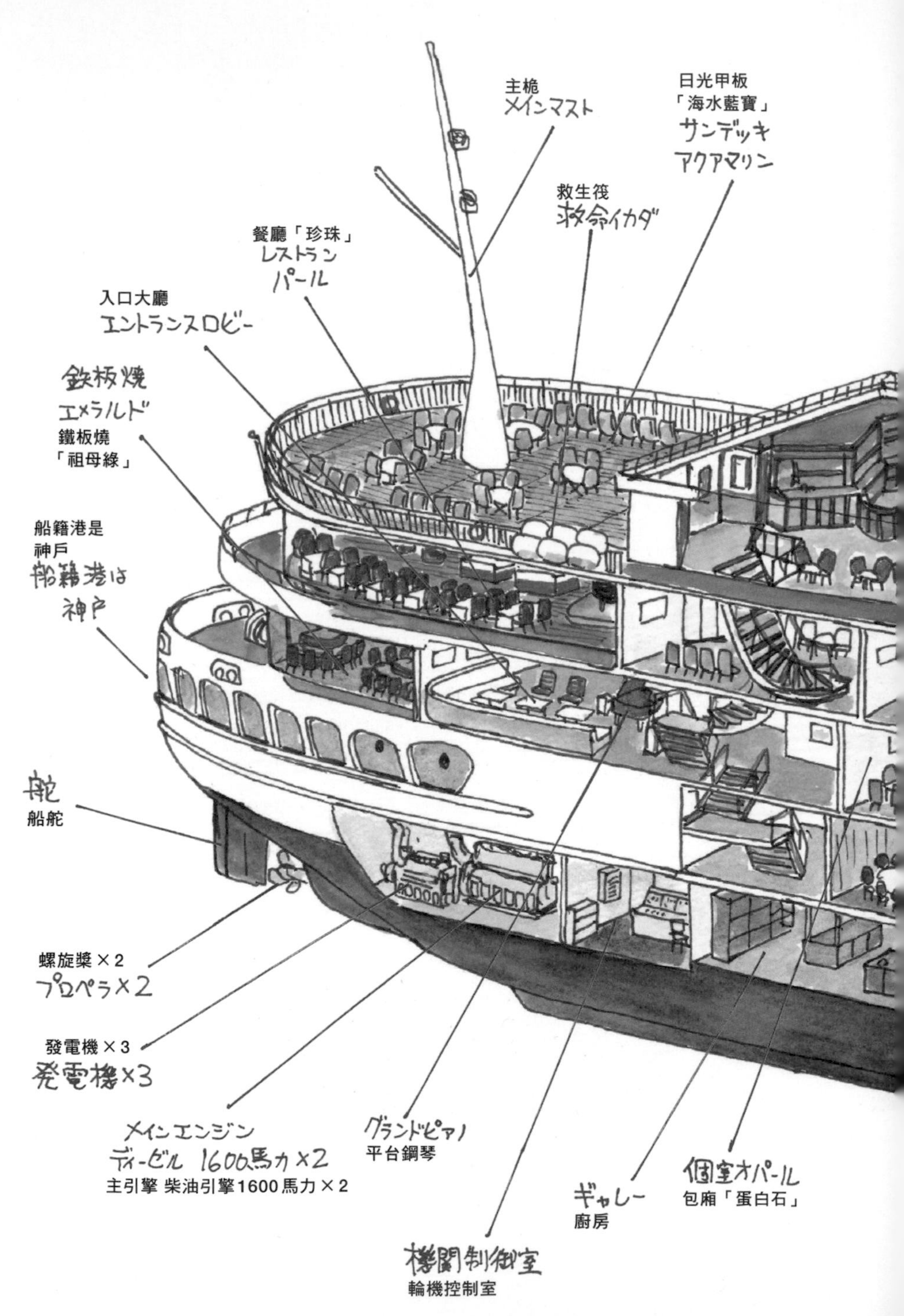

主桅
メインマスト
日光甲板
「海水藍寶」
サンデッキ
アクアマリン
救生筏
救命イカダ
餐廳「珍珠」
レストラン
パール
入口大廳
エントランスロビー
鉄板焼
エメラルド
鐵板燒
「祖母綠」
船籍港是
神戶
船籍港は
神戸
舵
船舵
螺旋槳×2
プロペラ×2
發電機×3
発電機×3
メインエンジン
ディーゼル 1600馬力×2
主引擎 柴油引擎1600馬力×2
グランドピアノ
平台鋼琴
個室オパール
包廂「蛋白石」
ギャレー
廚房
機関制御室
輪機控制室

股份有限公司神戶 Cruiser
海上餐廳
協奏曲
在大地震後成為復興象徵的神戶美食船

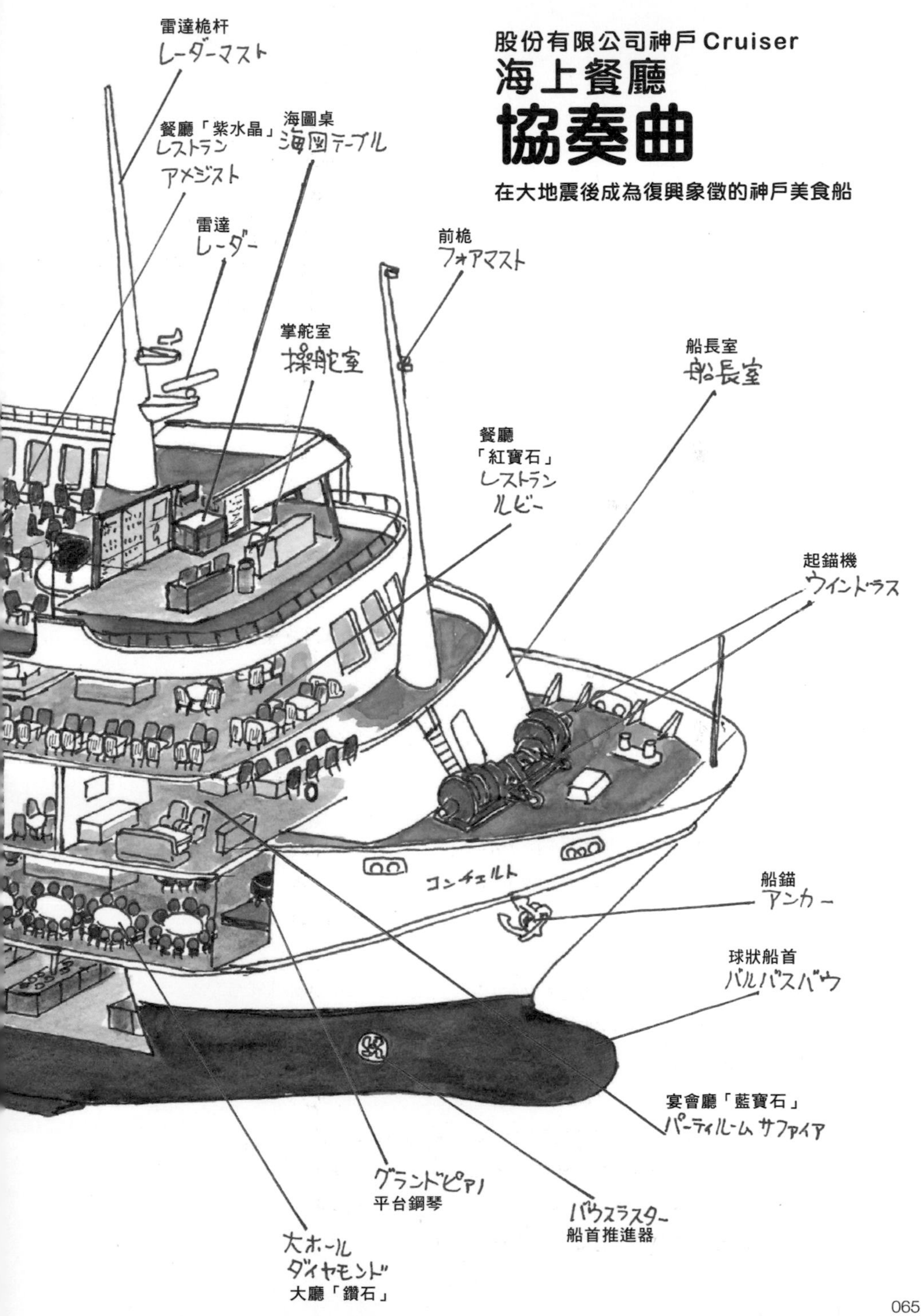

阪神淡路大地震後的復興象徵

在神戶最具代表性的觀光地神戶臨海樂園中，核心商業設施MOSAIC前方的高濱岸壁旁邊停著一艘典雅的白色海上餐廳，那是從1993年（平成5年）建造當時船名還稱為風精靈的時期便已經在此營業的協奏曲。

協奏曲最初的名字是風精靈，誕生於香川縣三峰市，並來到神戶以海上餐廳的形式提供服務。僅僅2年後的1995年（平成7年）1月17日，阪神、淡路地區發生大規模的直下型地震，神戶遭受了毀滅性的破壞，不過當時以神戶為起點，部分行程中途停靠大阪的風精靈，不知道是不是因為停泊的高濱岸壁地基特別穩固，船跟岸壁都奇蹟似地毫髮無傷，因此能夠依照預定計畫為了定期檢查而離開神戶，進入大阪的船塢（這裡也同樣沒有受損）進行保養。

然而隨著地震所帶來的慘況逐漸清晰，考量到災區的支援需求，風精靈僅待了3天便中斷檢查，緊急趕回神戶代替已經被切斷的鐵路及公路網將災民載運至大阪。

據說當時風精靈每天往返於神戶到大阪天保山4次，每次往返需3小時。船內餐廳桌椅都被撤走，在緊急情況下載著遠超過額定載客量的災民及大量救援物資不斷來往兩地。若包含上下船時間，每天幾乎都全力運轉接近15個小時。

在緊急情況告一段落後，以大阪為起點的觀光行程成為主流，受災的神戶乏人問津，觀光客數量再也沒回到原有的水準。最終公司清算債務，曾經活躍的風精靈只能孤單地長期繫留在小豆島。

包廂

本船上像這樣的小房間有好幾個，可以提供隱密的私人用餐行程，也能當作婚宴的休息室使用。

幸運的是到了1997年（平成9年）情況有所轉變，有公司伸出了援手，風精靈也改為現在的船名協奏曲，再次從同一位置的神戶高濱岸壁出發，成為神戶復興的象徵。

可以享用美味料理
並欣賞神戶美景的豪華套餐

擁有3支桅杆、外型彷彿遊艇一般的帥氣船型，據說是參考當時東京港內最為成功的海上餐廳Symphony所建造的，這麼說來客艙的佈局確實頗為相像。

大小不一的餐廳共有7個，在這之外還有上面插圖所示的包廂或大型的宴會廳「鑽石」；在最上層A甲板的「紫水晶」也可以只點飲料便能坐在裡面欣賞窗外景色。餐點基本上是全套法式料理（以前原本是中華料理），不過在C甲板後方的「祖母綠」可以品嚐道地神戶牛的鐵板燒套餐，不容錯過。

而協奏曲最重要的特徵之一，就是非常重視船內的現場演奏，從登船時在入口大廳的迎賓演奏會，再到各個餐廳用餐時爵士樂、古典樂及優揚的歌唱表演，甚至於下船時也還要一邊演奏一邊告別客人。據說每位表演者也都是經歷嚴苛的徵選後才錄取的菁英。

A甲板的最後方是木紋質地的寬廣日光甲板，排列著很多椅子，可以在用餐後走出來吹吹海風、欣賞沿岸風景。

協奏曲的航線是先從神戶港出發航行至港外後，再將航向轉為西方，經過須磨海岸的外海並朝向明石海峽大橋而去。由於航行區域的關係，雖然船無法通過明石海峽大橋，只能在鹽屋附近折返，不過能悠閒地航行在風平浪靜的瀨戶內海可說是非常愜意的事情。

我最推薦的時間帶是17時15分開始共1小時45分鐘的暮光行程。雖說還得看季節，不過在行程的前半段天空還相當明亮，可以盡賞優美的沿岸風景，然後在靠近世界最大的吊橋明石海峽大橋時，便能看見夕陽慢慢沉入海下的景緻，於此同時船也開始準備折返；當船完全回頭，太陽也差不多完全落下了。最後就在這日落的魔幻時刻裡，看著如寶石般閃爍的神戶夜景並回到港內。選擇這個行程，就能一口氣看到這條航線的各種風情。

神戶港的夜景被譽為日本3大夜景之一。雖然從六甲山上欣賞確實相當美麗，不過像這樣從船上眺望的夜景也同樣迷人。

與協奏曲同樣都是海上餐廳的璀璨神戶2號曾是協奏曲的勁敵，其巨大的船身和17節的高速讓她能航行到明石海峽大橋，只可惜現在因疫情而中止營運。好消息是，協奏曲的公司收購了這艘船，準備等疫情過去後再次讓璀璨神戶2號回到原本的航線上。

我只希望能夠快點再次見到2艘代表神戶的海上餐廳並排著航行在大阪灣內的光景。

協奏曲

船舶資訊

1993年建造於讚岐造船鐵工所

總噸位2138噸　全長74m　寬13m　航海速度12節

載客量604人

從神戶港臨海樂園的高濱岸壁出航並提供1天4次的用餐行程

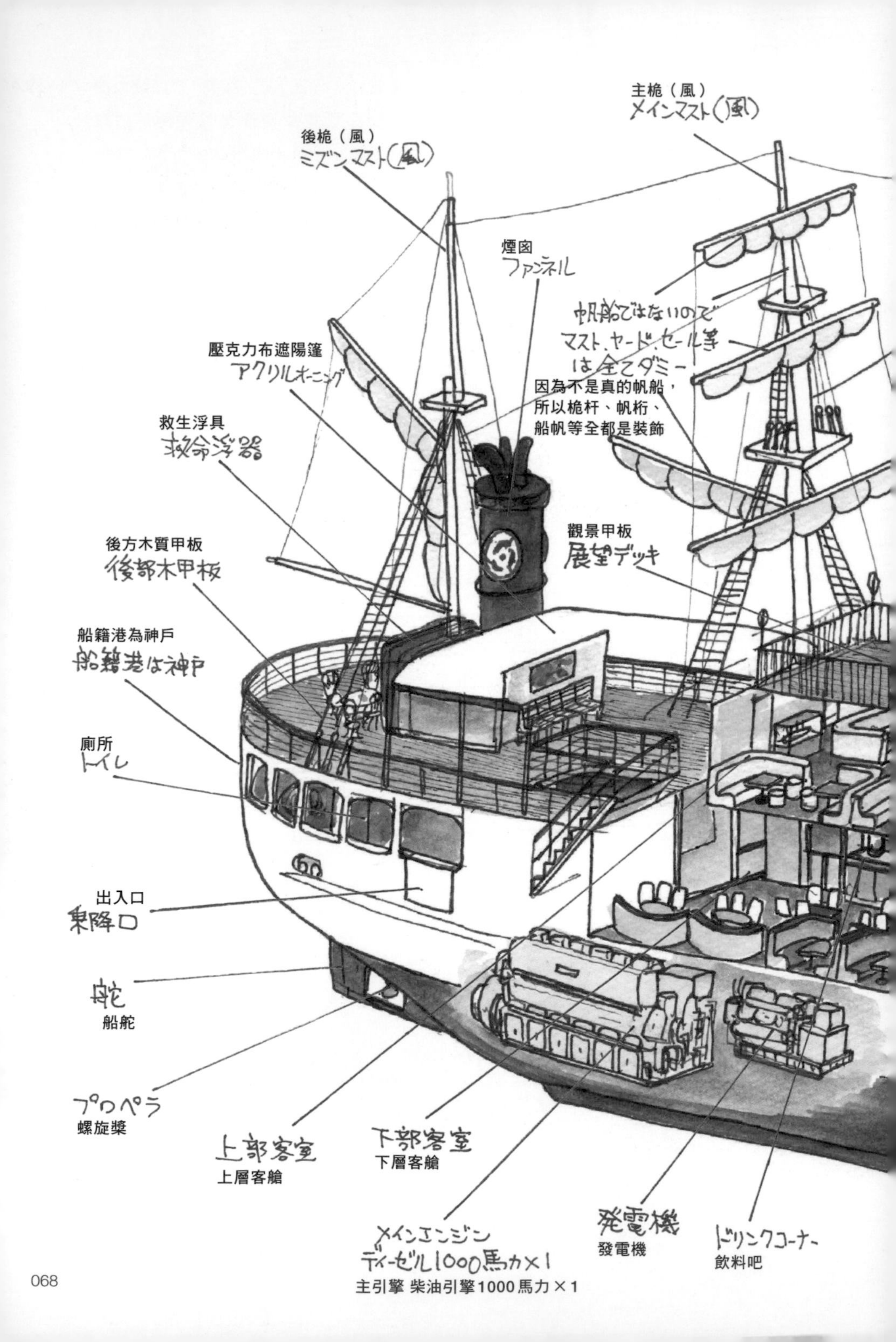
主桅（風）
メインマスト(風)
後桅（風）
ミズンマスト(風)
煙囪
ファンネル
帆船ではないので
マスト、ヤード、セール等
は全てダミー
因為不是真的帆船，
所以桅杆、帆桁、
船帆等全都是裝飾
壓克力布遮陽篷
アクリルオーニング
救生浮具
救命浮器
觀景甲板
展望デッキ
後方木質甲板
後部木甲板
船籍港為神戶
船籍港は神戸
廁所
トイレ
出入口
乗降口
舵
船舵
プロペラ
螺旋槳
上部客室
上層客艙
下部客室
下層客艙
メインエンジン
ディーゼル1000馬力×1
主引擎 柴油引擎1000馬力×1
発電機
發電機
ドリンクコーナー
飲料吧

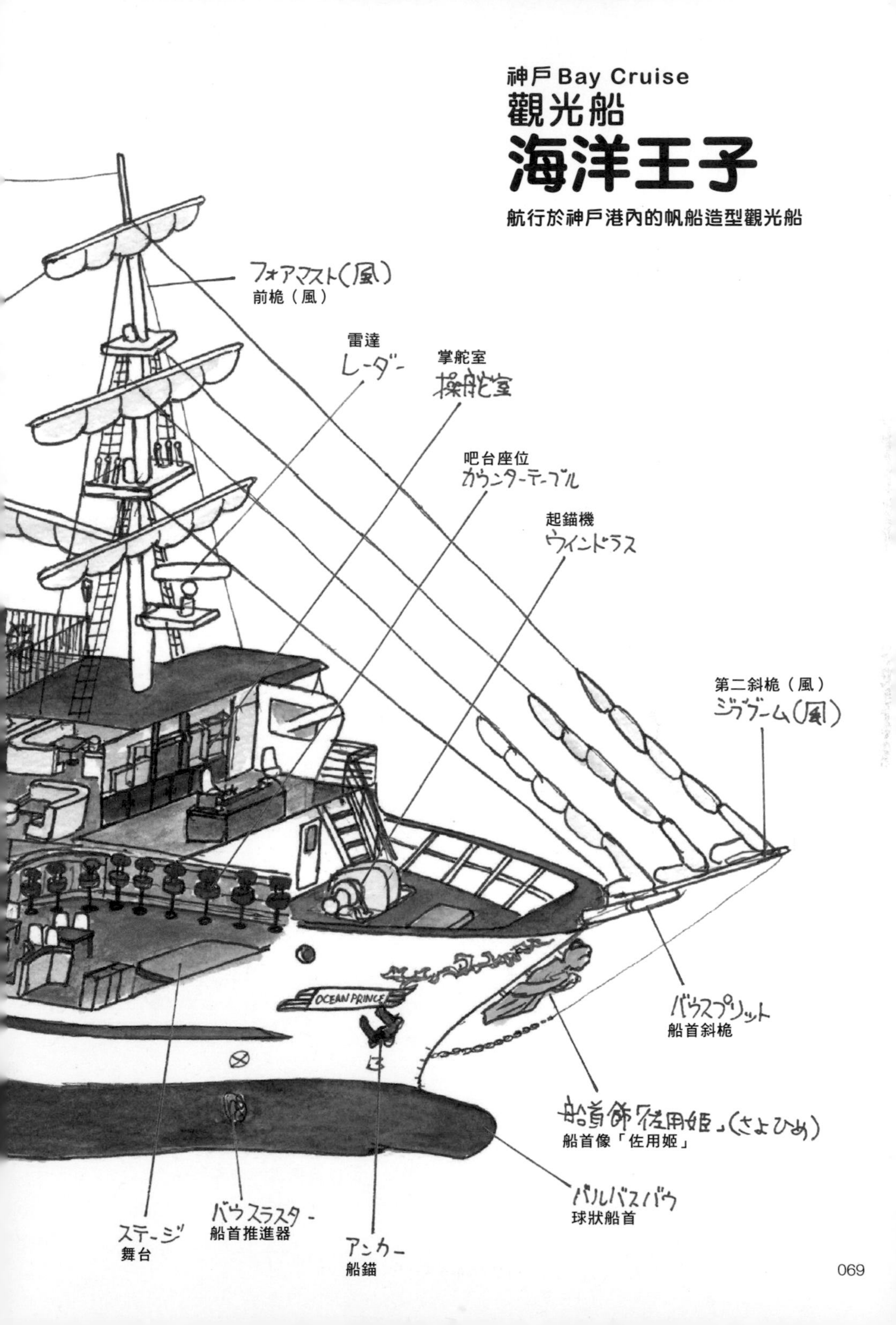
神戶Bay Cruise
觀光船
海洋王子
航行於神戶港內的帆船造型觀光船
フォアマスト（風）
前桅（風）
雷達
レーダー
掌舵室
操舵室
吧台座位
カウンターテーブル
起錨機
ウインドラス
第二斜桅（風）
ジブブーム（風）
OCEAN PRINCE
バウスプリット
船首斜桅
船首飾「佐用姫」（さよひめ）
船首像「佐用姬」
バルバスバウ
球狀船首
ステージ
舞台
バウスラスター
船首推進器
アンカー
船錨

佐用姬像

相當正統的船首人物飾像。雖然我畫的圖看起來很不清楚，但其實她手上拿的是一種稱為「領巾」（讀作hire）的衣服配件，古代的女性似乎將其當作圍巾、披巾使用。

瀨戶內海航線的乘船場
如今也成了觀光船碼頭

神戶港塔附近一帶稱為中突堤，過去曾是關西汽船和加藤汽船瀨戶內海航線的客船碼頭，前往別府、松山及高松等九州、四國地區的旅客船終年往來於此，船隻絡繹不絕。現在停靠於橫濱港的海上餐廳Royal Wing，在以前的紅丸時期也是從這裡出發，並在返航時回到這裡。

不過隨著汽車渡輪成為瀨戶內海航線的主流，碼頭旁開始需要有寬廣的停車場供車輛上下船；由於商辦大樓林立的這一帶難以應付這種需求，因此供乘客登船的乘船場便接連轉移至附近填海填出來的其他新碼頭。

因之後不再有定期客船在此營運，於是突堤西岸延伸到對岸高濱岸壁（臨海樂園）的海域被填起來，最終完成的便是神戶港的各艘觀光船所停泊的中突堤中央客船碼頭（通稱Kamomeria）。

目前在此服役的有大型雙體船boh boh KOBE，其以往的船名是Glover，曾作為三菱重工業長崎造船所的交通船為員工所使用；另外還有曾用來連接長崎豪斯登堡與長崎荷蘭村的皇家公主，以及曾以佐用姬之名航行於佐賀縣唐津灣、現在被稱為海洋王子的這艘觀光船。

從悲劇傳說的公主
成為大海的王子大人

從Kamomeria看過去，這些船都有著多采多姿的經歷和特色鮮明的外觀，其中尤其是這艘海洋王子有著3根高聳的桅杆，船首還有精緻的船首像，看起來儼然就是一艘帆船。

順帶一提，這尊船首像雕刻的是也用來當作船名的「佐用姬」。佐用姬是唐津地區傳說中的公主，有著一段曲折的悲戀故事，不過篇幅有限，這裡我就不詳細述說了，還請有興趣的人自行查詢。

2006年（平成18年），曾在神戶港活躍了25年的觀光船「鈴懸」退役，海洋王子於此時接手了她的工作。當時的海洋王子原本還是棕色的船身，但不知何時起便漆成了白色。

船內分成上下2層，下層是附設飲料吧、宛如時髦咖啡廳的客艙，上層則是沙發座位的酒廊風格客艙，2層的氣氛截然不同。走上甲板可以看到天然木板鋪設而成的地板，看起來相當有帆船的感覺。聳立在後方甲板的是經典風格的圓筒形煙囪，而且令人驚喜的是這並非裝飾，是貨真價實的煙囪。

相反地，畢竟她不是真正的帆船，因

此帆桁、船首斜桅乃至看起來像是摺疊起來的船帆全部都只是裝飾，還請不要叫船員把船帆張開……總之去體驗一下那個搭上帆船的氣氛就是了。

提到航線，海洋王子從Kamomeria出港後，首先會向著神戶港西側的和田岬前進，此時右手邊正好會經過三菱重工業的神戶造船所，可以看見原本屬東海汽船的七島夢被抬上陸地並放置在船廠中的模樣。雖然對東京的船舶迷來說此情此景有點感傷，但仍然不容錯過。而如果是軍艦迷，則可以趁此時詳盡地觀察同樣在這間工廠建造的海上自衛隊潛水艇，幸運的話還可以看到剛舉辦完下水儀式，船艦編號寫在船帆上的罕見狀態，千萬別錯過了。

通過和田岬後就暫時來到神戶港之外，這時船隻會轉向左邊，前往神戶機場附近的海域。如果是飛機迷，那麼這就是欣賞飛機起降的最佳時機。

船接著會通過寫著大大「神戶港」3個字的第一防波堤東燈塔並回到港內，並能在右手邊看到港灣人工島與鮮紅色的神戶大橋；參觀完大橋，最後就回到了Kamomeria，整個行程約45分鐘左右（視天氣狀況而定），

同樣是觀光船的boh boh KOBE與這艘海洋王子因為高度的關係而無法穿越神戶大橋，只能航行在港口西側的航線，不過看起來像是一整塊純白蛋糕的皇家公主因為高度較低，所以能穿過神戶大橋前往神戶港碼頭所在的4條突堤的另一側。由於外國的大型客船大多數時候都停靠在這一側，因此若想要拍攝這些客船，我建議搭乘皇家公主。

〈追記〉

在寫完這篇內文之後營運公司公布消息，原本長年服役於東京灣、船型仿江戶時代御座船的安宅丸要從神戶港重新出發，而海洋王子則轉移到小豆島去，以後就不會在神戶繼續提供觀光行程了。雖然我感到非常可惜，但期待她仍然可以在新天地大展身手。

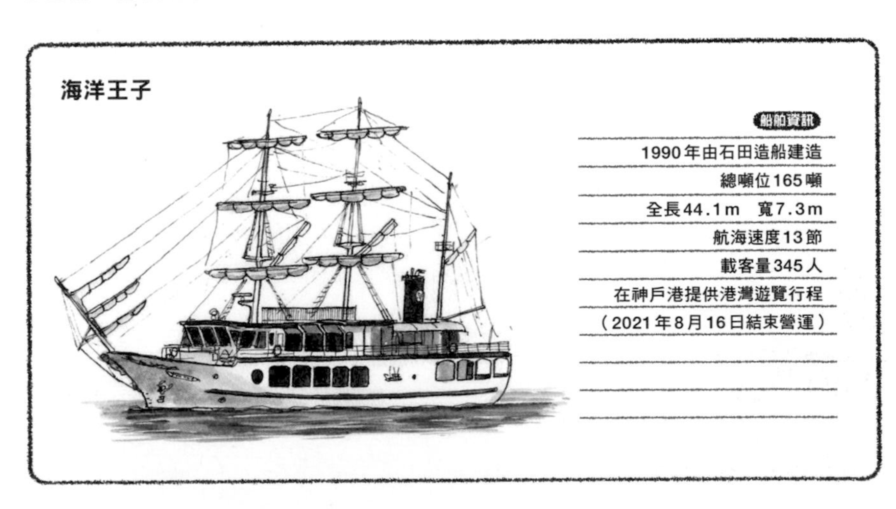

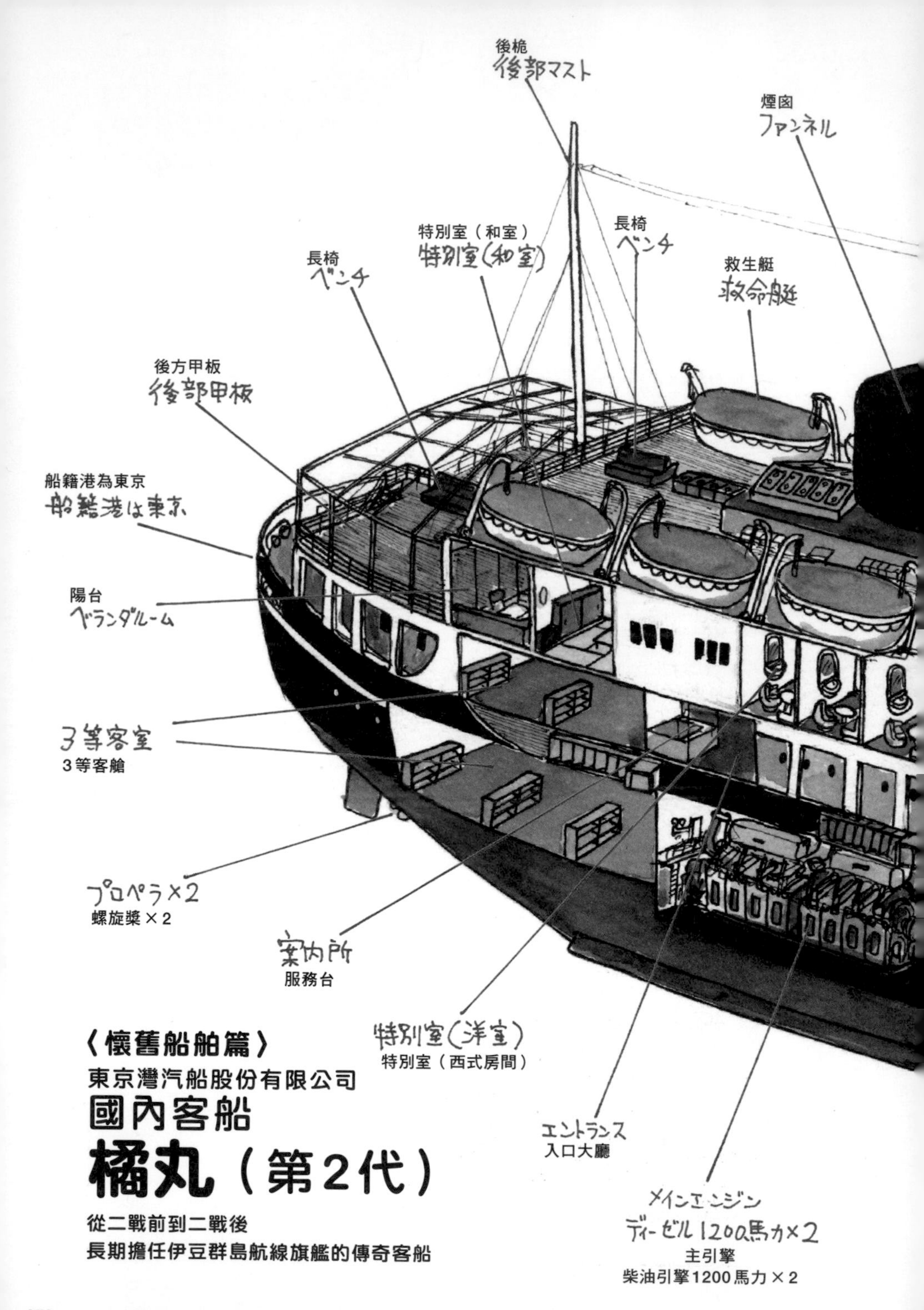

〈懷舊船舶篇〉

東京灣汽船股份有限公司

國內客船

橘丸（第2代）

從二戰前到二戰後
長期擔任伊豆群島航線旗艦的傳奇客船

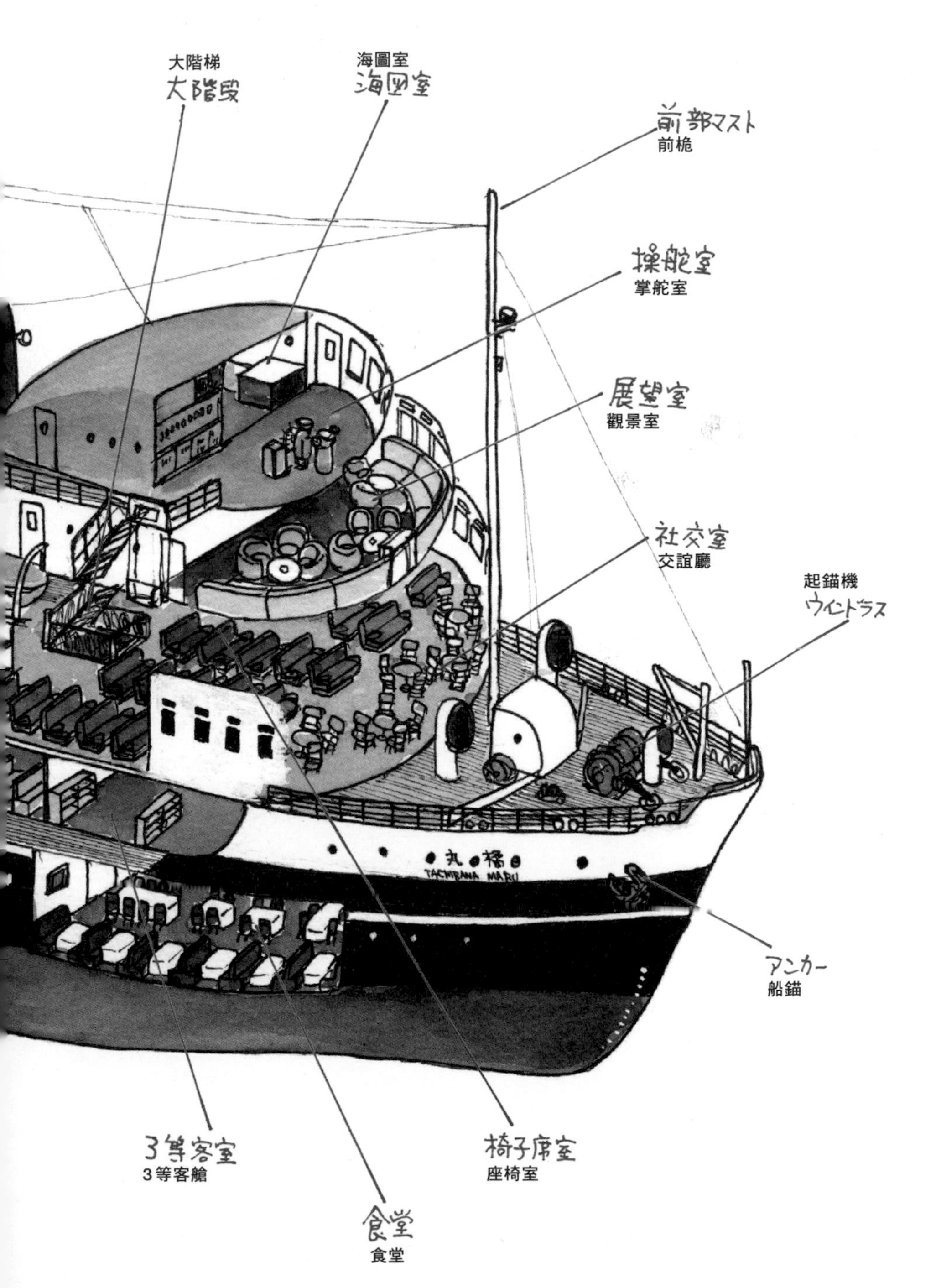
大階梯
大階段
海圖室
海図室
前部マスト
前桅
操舵室
掌舵室
展望室
觀景室
社交室
交誼廳
起錨機
ウインドラス
丸橘
TACHIBANA MARU
アンカー
船錨
3等客室
3等客艙
椅子席室
座椅室
食堂
食堂

從艱困的離島航線到優雅的觀光航線

如今東海汽船的前身「東京灣汽船」自明治時代起便以東京港為據點，發展前往房總半島、伊豆半島的沿岸航線以及前往伊豆群島的海上航線。原先東京灣汽船的船隻再大也頂多就快要接近1000噸而已，不過就在1935年（昭和10年），公司建造了尺寸遠超之前船隻、達到1772噸的純客船，也就是這艘繼承橘丸之名的第二代橘丸。

插圖是完工當時的造型。遺憾的是我找不到當年留下的彩色照片資料，不清楚內外裝的真正顏色，所以只能用黑白色來畫，不過這樣或許效果更好，看起來頗有古船的氛圍。

東京灣汽船當時正計畫將她預定要服役的大島航線改為觀光航線，因此在設計時便擺脫了過往只擁有最低限度旅客設備的方針；如各位在插圖上所看到的那樣，救生艇甲板設有觀景談話室，下方還有交誼廳，船身後方則有陽台，甚至旅客空間中最下層的甲板還有寬廣的食堂等等，公共設備的豐富程度與當時外國航線的客貨船相比毫不遜色。

特別是艦橋下方的談話室鋪上厚重的地毯、擺放著舒適的沙發，並採用在當年的客船裝潢中盛行的裝飾藝術風格，看起來奢華至極。而船身外觀也是當年流行的流線型，還在半圓形的房間裡鑲上多片大玻璃窗，加強觀景的視野。

客艙包含鋪上地毯（之前主要是塌塌米）的大面積3等客艙以及座椅室，還

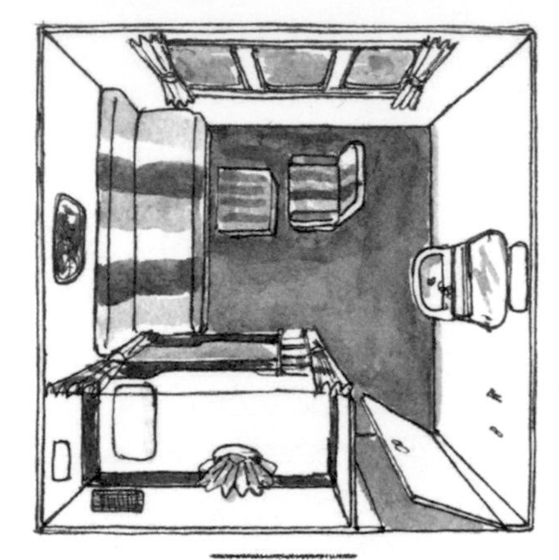

西式特別室

西式房間有10間，和室有6間。西式房間採用上下舖及沙發，不過沒有像現今常見的1等客艙那樣有專用的淋浴間跟廁所。

有上面插圖所畫的特別室，不過看到這或許會好奇解剖圖上怎麼沒有2等客艙跟1等客艙。其實這艘船當年採用類似近年來渡輪常見的收費方式，客艙基本上只有3等這個等級，而如果支付追加費用就可以選擇座椅或特別室。

作為醫療船活過戰爭

顛覆常識的這艘橘丸爾後被稱作東京灣的女王（當時只要船很帥，不管什麼船都叫女王），無奈她生不逢時，當年日本正從中日戰爭轉而陷入惡夢般的太平洋戰爭中，東京灣汽船也改名為現在的東海汽船，橘丸則被徵收為醫療船前往前線。雖然我是很想寫下之後跌宕起伏充滿戲劇性的精采故事，但篇幅會拉得太長，先就此打住。若有機會搭乘現在東海汽船的橘丸（第三代），可以到4樓服務台對面的休息室看看，那裡可以閱

覽已故柳元良平先生和平面設計師兼插畫家的西村慶明先生共同著作的「橘丸物語」，全頁皆貼在大片板子上吊起來裝飾著，還請各位駐足觀看。

經歷過這段歲月的她總算活過了戰爭，並在戰後肩負起殘存船隻的使命，以復員船的身分從事遣返者的運輸工作；當她終於回到原本服役的大島航線時，船齡已經超過15年了。在這之後的一段時間裡，東海汽船沒有再建造比她更大的客船，直到第一代嘉德麗雅丸（我第一次搭乘的船，也是讓我成為船舶迷的契機）在1969年（昭和44年）完成前，橘丸在這19年間都是東海汽船最具代表性的旗艦。

完工時原本販售多種商品的公共空間，戰後都發生了許多變化；談話室成為船員休息室而禁止進入，交誼廳的椅子被撤走，寬廣的食堂變成鋪上地毯的2等客艙，3等客艙升為2等客艙，座椅室則成為1等客艙，原先整齊擺放在救生艇甲板的救生艇也改為如今國內航線也仍在使用的膨脹式救生筏，可說不論外在還是內在都有巨大改變。唯一不變就是她那依然美麗的身姿。

其實我在當年的東京港竹芝棧橋（其實不是棧橋而是碼頭）曾看過幾次橘丸停靠在港邊的模樣，不過那時的她船齡已超過35年，很可惜的是對還在少年時代的我來說，嘉德麗雅丸、濱木棉丸、櫻丸等新型又帥氣的船才更投我所好，我對橘丸只留下破破舊舊的印象而已……橘丸吶，對不起，現在畫出插圖才知道妳是多麼漂亮又迷人的船。

到了1973年（昭和48年），橘丸隨著第一代Salvia Maru的登場而退役，在大家不捨的心情中於瀨戶內海的相生被解體，其船錨保存在大島的大島町鄉土資料館中。現在繼承其名號、有著最新規格的第三代橘丸船身漆上了顯眼的黃色和綠色，主要服役於三宅島～御藏島～八丈島航線並受到廣大乘客的喜愛。希望她也能與這第二代橘丸一樣成為海上的傳奇。

第2章

工作的船

商船三井渡輪股份有限公司

RO-RO船

武藏丸（第2代）

支撐日本物流的汽車渡輪型貨船

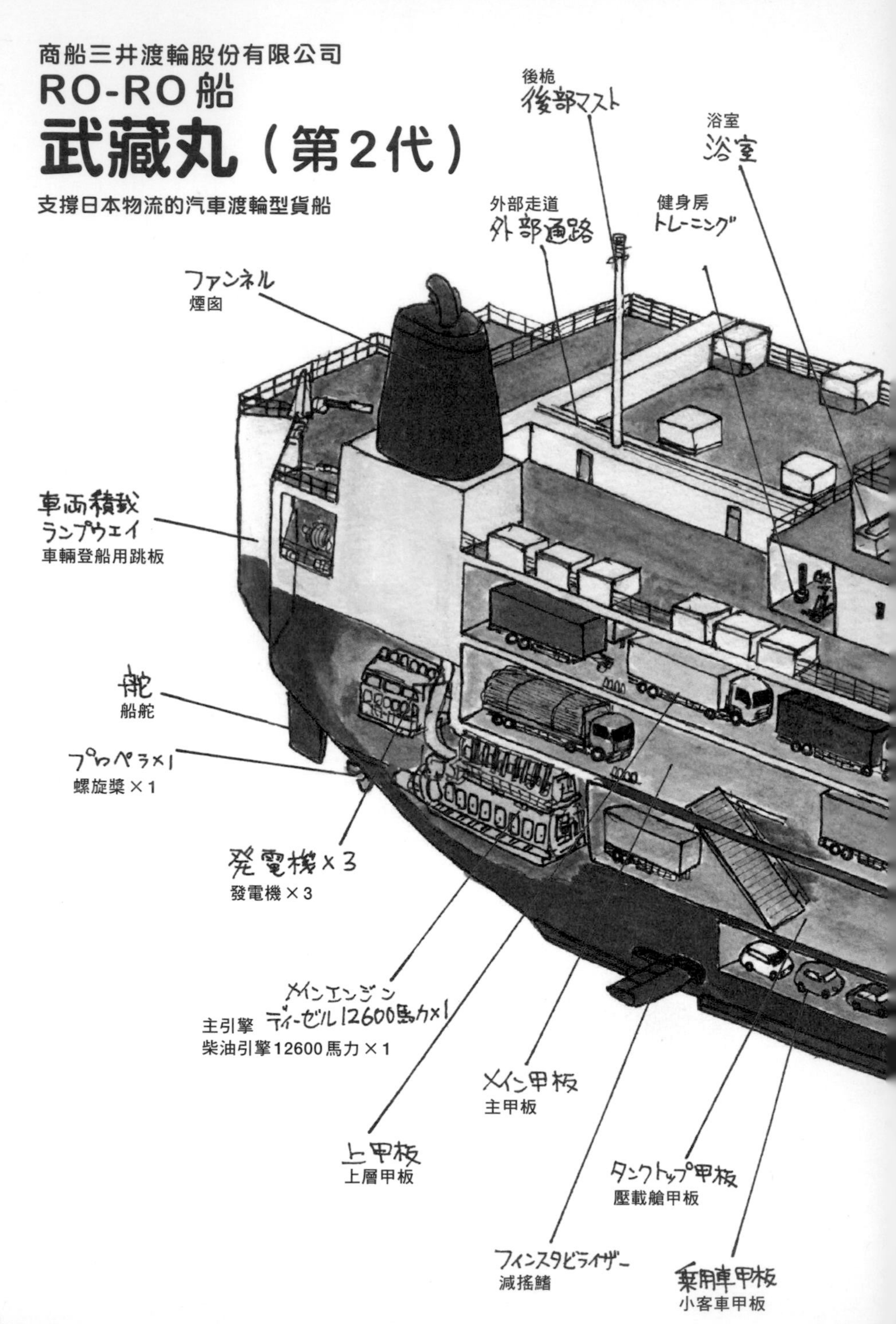

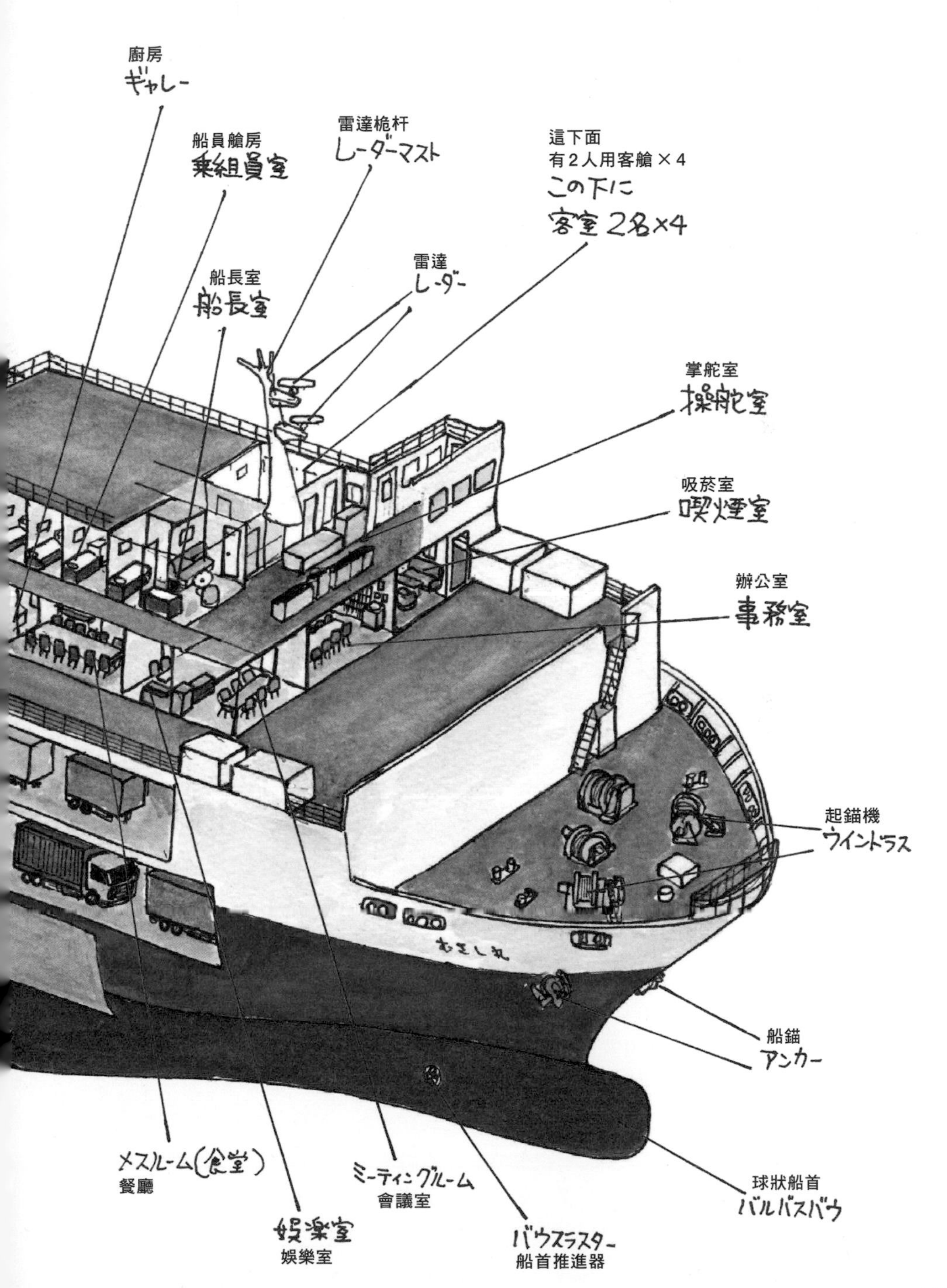

廚房
ギャレー
船員艙房
乗組員室
雷達桅杆
レーダーマスト
這下面
有2人用客艙×4
この下に
客室2名×4
船長室
船長室
雷達
レーダー
掌舵室
操舵室
吸菸室
喫煙室
辦公室
事務室
起錨機
ウインドラス
船錨
アンカー
球狀船首
バルバスバウ
メスルーム(食堂)
餐廳
娯楽室
娛樂室
ミーティングルーム
會議室
バウスラスター
船首推進器

形狀如同汽車渡輪
卻不承載一般乘客的貨船

如汽車渡輪或汽車船（PCC）之類的船會使用稱為跳板、附有貨門的斜坡連接船身與岸壁，車輛可以透過跳板自行駛進船內成為貨物。而在這些船之中現在最常見到的，就是跟這艘武藏丸一樣Roll-on Roll-off型的貨船，一般簡稱為RO-RO船。

Roll-on Roll-off的Roll在英語中有滾動的意思，也就是指滾動輪胎讓車輛上下船的船型（就算你問我那Rock & Roll的Roll是什麼意思我也不知道）。相反地，用起重機、吊臂之類將車輛裝進船裡的船型則稱為LO-LO船，也就是Lift on Lift off，但這種稱呼頗為少見。

一般乘客也能搭乘的渡輪在通常情況下，會連同載貨的貨車一起運送到目的地（不同航線會有所差別），然而多數RO-RO船主要採用的載運方式是，首先半拖車的車頭會拉著載上貨櫃等貨物的板架自己開進船內，接著在車輛甲板留下排列整齊的板架後，拖車頭再開下船。抵達目的地後，當地的拖車頭會再進入船內與板架連結，最後把貨物運出船內。

很多時候RO-RO船也會裝載汽車船上常見的商品車（也就是所謂的新車或二手車），許多RO-RO船還會在船底附近設有天花板較低的汽車專用甲板。

跟一般的貨櫃船等貨船不同，RO-RO船不需使用陸地上的起重設備，只要在岸壁上有寬廣的停車空間就好，這可說是這種船最大的優點。

這艘武藏丸的名字繼承的是過去一間稱為九州急行渡輪的公司（2007年與現在的公司合併）旗下的第一代武藏丸（建造時的船名為日產武藏丸），完工後接手了第一代的工作。武藏丸是典型的國內航線RO-RO船，在不知不覺間她也成為了相當有資歷的船了。

完善的船員設備

車輛甲板總共分為4層，其中2層是一般貨車甲板，另外還有1層卡車甲板配有電源供給設備以便冷凍車使用，最後是1層小客車甲板。在車輛甲板之上是2層船員居住的甲板。

乘船時不知為何船腹沒有出入口或舷梯，只能從船尾的車輛跳板進去並走上煙囪旁的階梯，就會來到一片寬廣的船橋甲板的後方，這裡能看見許多如同大箱子般的通風設備。接著穿過一條如長廊般的走道，就會到達船身前方的居住區，這裡有船員的起居空間跟餐廳等公共空間。

居住區上層的航海船橋甲板分別是最前方的掌舵室、中間的船員房間、以及最後方的浴室。

居住區下層則有吸菸室、會議室、娛樂室、餐廳、健身房等用途各不相同的艙室，尤其是配備各種訓練設備的健身房對平時運動不足的船員來說非常有用，據說最近建造的RO-RO船都沒有這麼充實完善的設備。不過說起來這種類型的船由於形狀的關係，上面的開放式甲板會非常寬廣，我想光是在上面慢跑也能充分運動到了。

豪華的貨車司機專用客艙

除了拖車的板架外，船上也裝載許多有車頭的貨車（雖然這種說法很奇怪啦），因此偶爾會有司機一同搭上船的情況。為此，船身左舷處設有插圖所畫的那種氣派的客艙，客艙數量為3間（總共6人）。

在法律上即使是貨船，也能像這樣搭載最多12名乘客，不過要不要搭載乘客必須依照各間公司的判斷而定，以這條航線來說，就不接受貨車司機以外的乘客上船。

另外，即使是這些上船的乘客也理所當然地禁止進入船員專用的居住空間或甲板，乘客也沒有專用的餐廳，船上並不會幫乘客準備餐點。

所以在航行中若想要吃東西就只能自己攜帶，並在客艙內使用冰箱、電熱壺或微波爐自行調理，活動、起居也只能在客艙內進行，請各位理解（雖然即使如此我還是想上船看看，不過事到如今也當不成貨車司機了）。

商船三井渡輪旗下目前有5艘RO-RO船服役於東京～九州航線，另外還有SUNFLOWER札幌等4艘旅客渡輪服役於大洗～苫小牧航線，承擔起日本的部分物流及旅客運輸工作。

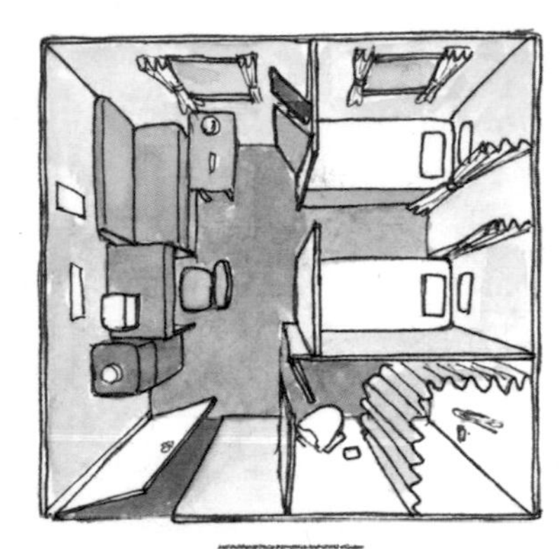

司機客艙

客艙內擺放的不是上下舖而是2張單人床，除此之外還有沙發、桌椅以及淋浴間和電動洗淨便座，在一般客船或渡輪上幾乎就是1等或特等級別的房間。

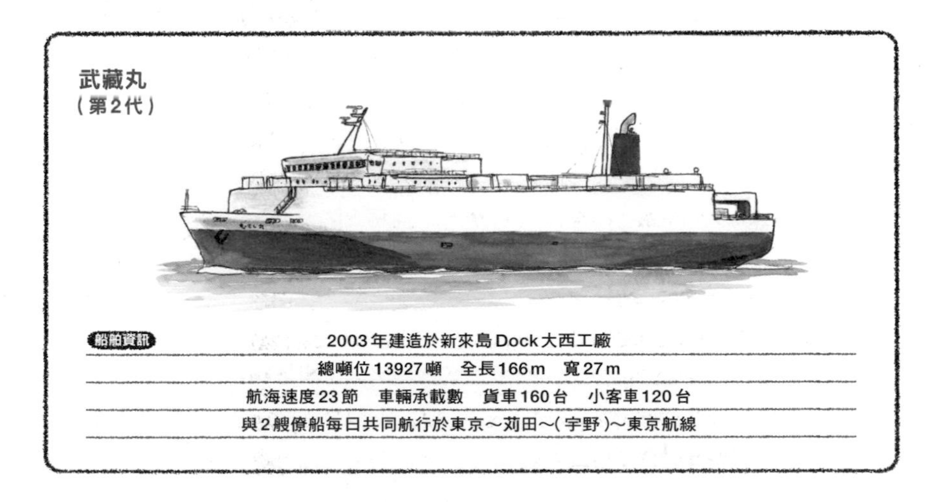

武藏丸
（第2代）

船舶資訊

2003年建造於新來島Dock大西工廠

總噸位13927噸　全長166m　寬27m

航海速度23節　車輛承載數　貨車160台　小客車120台

與2艘僚船每日共同航行於東京～苅田～(宇野)～東京航線

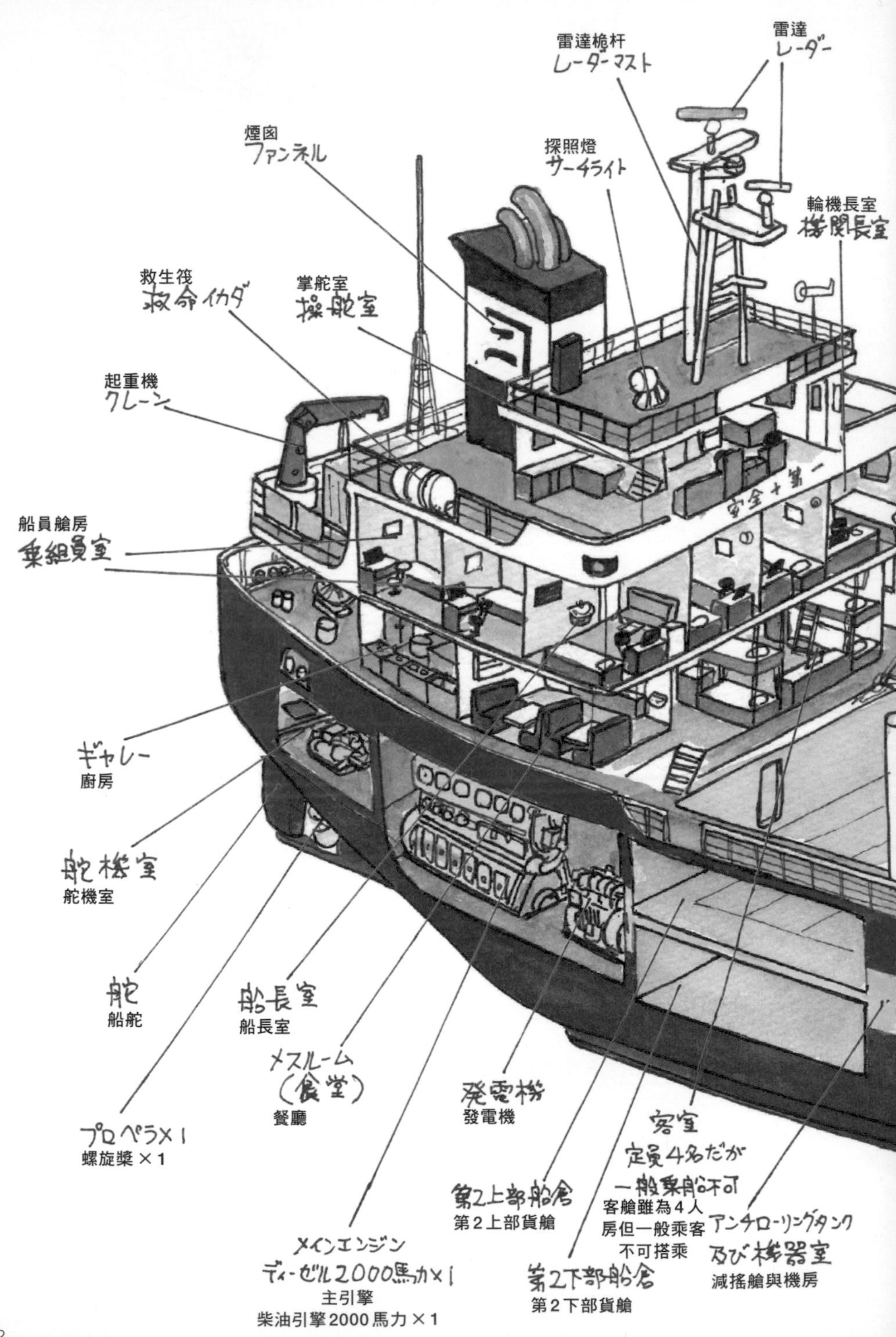
雷達桅杆
レーダーマスト
雷達
レーダー
煙囪
ファンネル
探照燈
サーチライト
輪機長室
機関長室
救生筏
救命イカダ
掌舵室
操舵室
起重機
クレーン
安全第一
船員艙房
乗組員室
ギャレー
廚房
舵機室
舵機室
舵
船舵
船長室
船長室
メスルーム
（食堂）
餐廳
プロペラ×1
螺旋槳×1
発電機
發電機
客室
定員4名だが
一般乗船不可
客艙雖為4人
房但一般乘客
不可搭乘
第2上部船倉
第2上部貨艙
アンチローリングタンク
及び機器室
減搖艙與機房
メインエンジン
ディーゼル2000馬力×1
主引擎
柴油引擎2000馬力×1
第2下部船倉
第2下部貨艙

股份有限公司共勝丸

國內貨船 共勝丸

將客貨船無法載運的貨物
從東京運送到小笠原群島

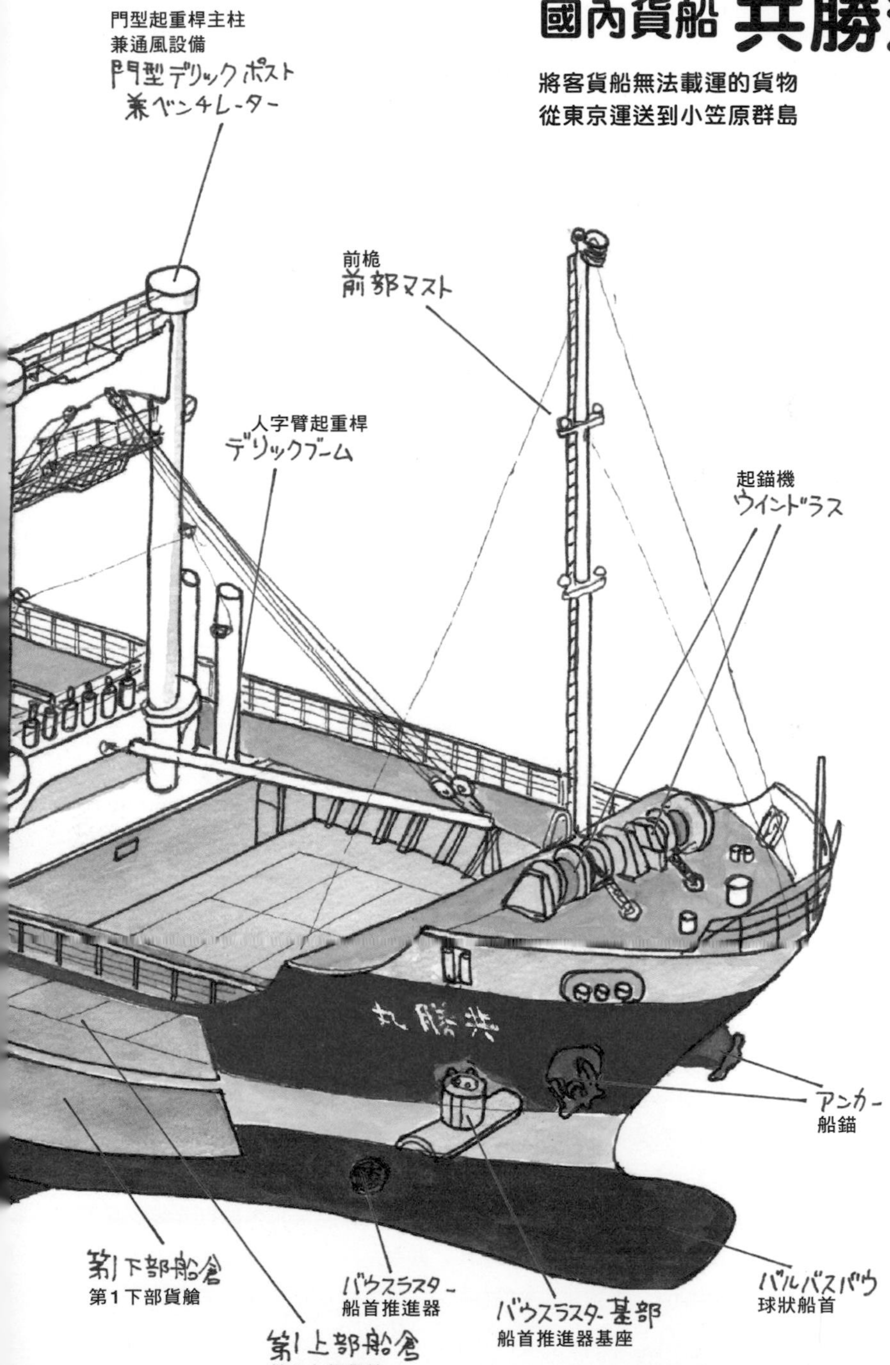

門型起重桿主柱
兼通風設備
門型デリックポスト
兼ベンチレーター

前桅
前部マスト

人字臂起重桿
デリックブーム

起錨機
ウインドラス

丸勝共

アンカー
船錨

第1下部船倉
第1下部貨艙

第1上部船倉
第1上部貨艙

バウスラスター
船首推進器

バウスラスター基部
船首推進器基座

バルバスバウ
球狀船首

本土與小笠原之間的物流關鍵

1968年（昭和43年），太平洋戰爭戰敗後長年由美國治理的小笠原群島終於歸還給日本。在復興中為了運送物資，用船舶運送貨物就成了必要手段，為此東海汽船向當時在宮城縣擁有小型貨船及漁船的股份有限公司共勝丸，雇傭了小型貨船「第十二共勝丸」來服務小笠原航線，而這就是現在共勝丸公司經營小笠原航線的起源。

數年後，共勝丸公司建造了小笠原航線專用的「第二十一共勝丸」；隨著時代演進，在那之後共有5艘帶數字的共勝丸服役於這條航線。到了2019年（平成31年），第一艘在船名中沒有數字的新型共勝丸竣工，並服役於目前的小笠原貨物航線。

雖然跟這艘新的共勝丸尺寸相當的前一代第二十八共勝丸船身是樸實無華的淺藍色，但新的共勝丸卻採用深藍色與鮮豔的黃綠色，使這雙色調的船身看起來特別顯眼。

還保留過去載客時期的船內格局

船內的居住設施在上部甲板之上，共分成3層。最上層的航海甲板有掌舵室，下方的船橋甲板則有船長室等船員們的房間，而最下面的上部甲板則有餐廳、廚房、浴室、辦公室等船隻航行所需的各種設施。

而在這層甲板中，還有這種尺寸的貨船難得一見的4人用客艙。這間客艙位於左舷並面向船首，房間內有上下鋪，住起來頗為舒適。

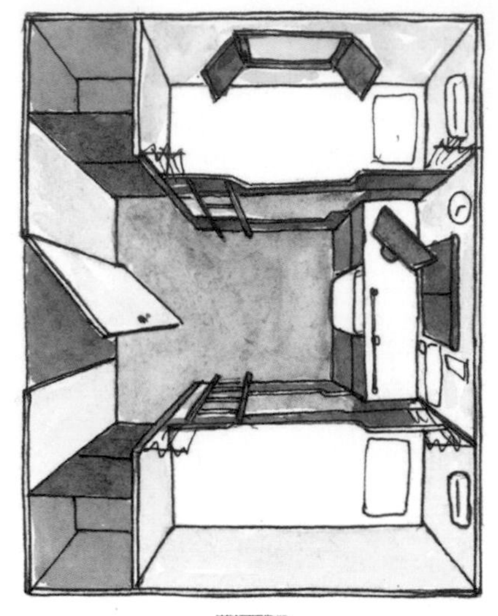

客艙

設有2組上下鋪供4名乘客使用，面積大約是12㎡。雖然房內還有電視跟冰箱，不過餐廳、浴室及廁所要與船員共用。

以前的第二十八共勝丸直到大約10多年前還允許9名（最初為8名）一般乘客搭船（如武藏丸的介紹中所說，在法律上即使是貨船也能搭載最多12名乘客），乘客只需以便宜的價格就能前往小笠原，而且還附餐點。

這種搭船方式曾刊登在當年頗受好評的海上旅遊紀行書中，是行家們秘密流傳的人氣航線。雖然我也非常想要搭乘看看，無奈當時還是普通的上班族，最終沒能去成；可惜的是現在若非特殊情況，一般乘客是無法搭乘共勝丸的，這實在令我感到很遺憾。

貨艙以甲板上設置的門型起重裝置為中心，分成前後與上下2層總共4個貨艙。本船載運的基本上都是客貨船小笠原丸無法載運的貨物，主要是水泥、鋼骨等建築材料以及裝有汽油的鐵桶等等。共勝丸在父島、母島卸下這些貨物後，會再載上產業廢棄物或行政回收資源（紙箱、寶特瓶等）回到東京。

而在每年小笠原丸回廠保養的期間，共勝丸原本還得代替小笠原丸運送郵寄物、宅配、生鮮食品等等貨物，不過在2021年（令和3年）東海汽船的第3代Salvia Maru服役後，這些工作就轉而交由Salvia Maru負責了。

單程橫跨3天的長時間航行

關於航線，共勝丸每個月2～3次從東京港的月島碼頭出發，先暫且航行到有明10號地碼頭，將汽油或液化石油氣等危險貨物裝載到船上，再前往小笠原群島的父島。共勝丸的速度約為12節，而因為體積小不耐風浪，所以跟速度可達23節的小笠原海運定期客貨船小笠原丸相比，需要花費近2倍的時間航行，可以說行如牛步。然而另一方面，通常要搭到郵輪才能欣賞到的須美壽島、鳥島或孀婦岩等令人垂涎三尺的無人島美景，在共勝丸上似乎偶爾也能看見。順帶一提，當初還有載客時令乘船者痛苦萬分的左右搖晃，在這艘新的共勝丸上也因為設置減搖艙而大幅改善。

如果一切順利，在經過44小時的航行後就會抵達父島並在此停泊一晚，隔天再繼續前往更南方的母島。在母島裝卸貨後，傍晚便回去父島並又在此停泊一晚，然後在隔天中午過後離開父島，繼續花2天時間回到東京。這整套共計6天的航行，就是這艘船的基本行程。

當共勝丸停泊在東京港內的時候，由於碼頭位在月島裡不太起眼的位置，所以很難發現她，不過若搭乘觀光船順隅田川而下並前往淺草的日之出碼頭，在經過築地市場舊址後往左舷的碼頭望去，或許就能在深處找到有著深藍及黃綠色船身的她。各位在觀光時不妨試著找找看，一定能看見船員向自己揮手的樣子……才怪。

共勝丸

船舶資訊

2018年由本田重工業佐伯工廠建造

總噸位325噸　全長64.5m　寬10.5m

航海速度12.8節　載貨重量748噸　船員8名　旅客4名　其他1名

服役於東京～父島～母島的貨物航線

雙葉汽船股份有限公司

國內貨船 大峰山丸

日本最著名的國內貨船，只因某位船長坐鎮其中

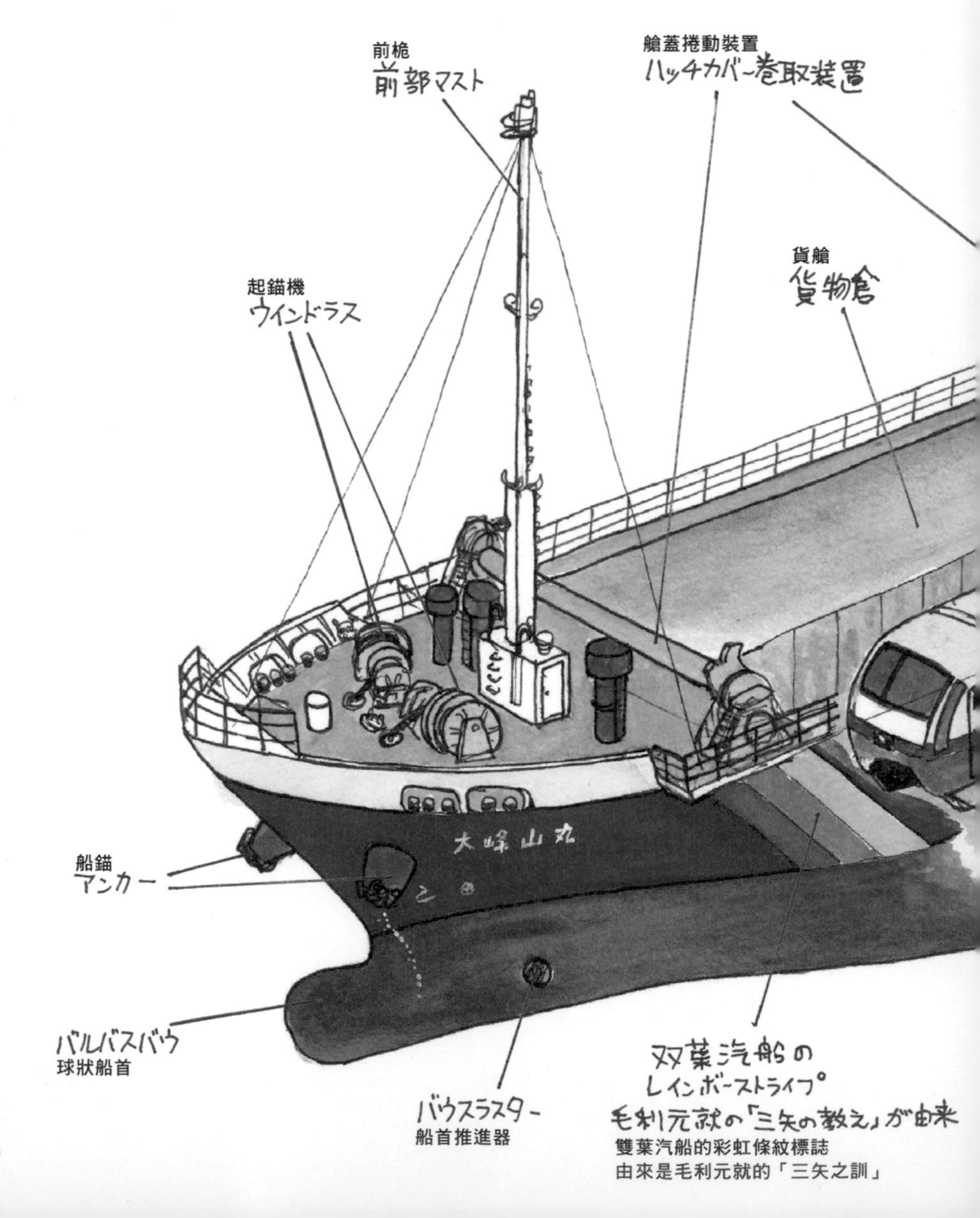

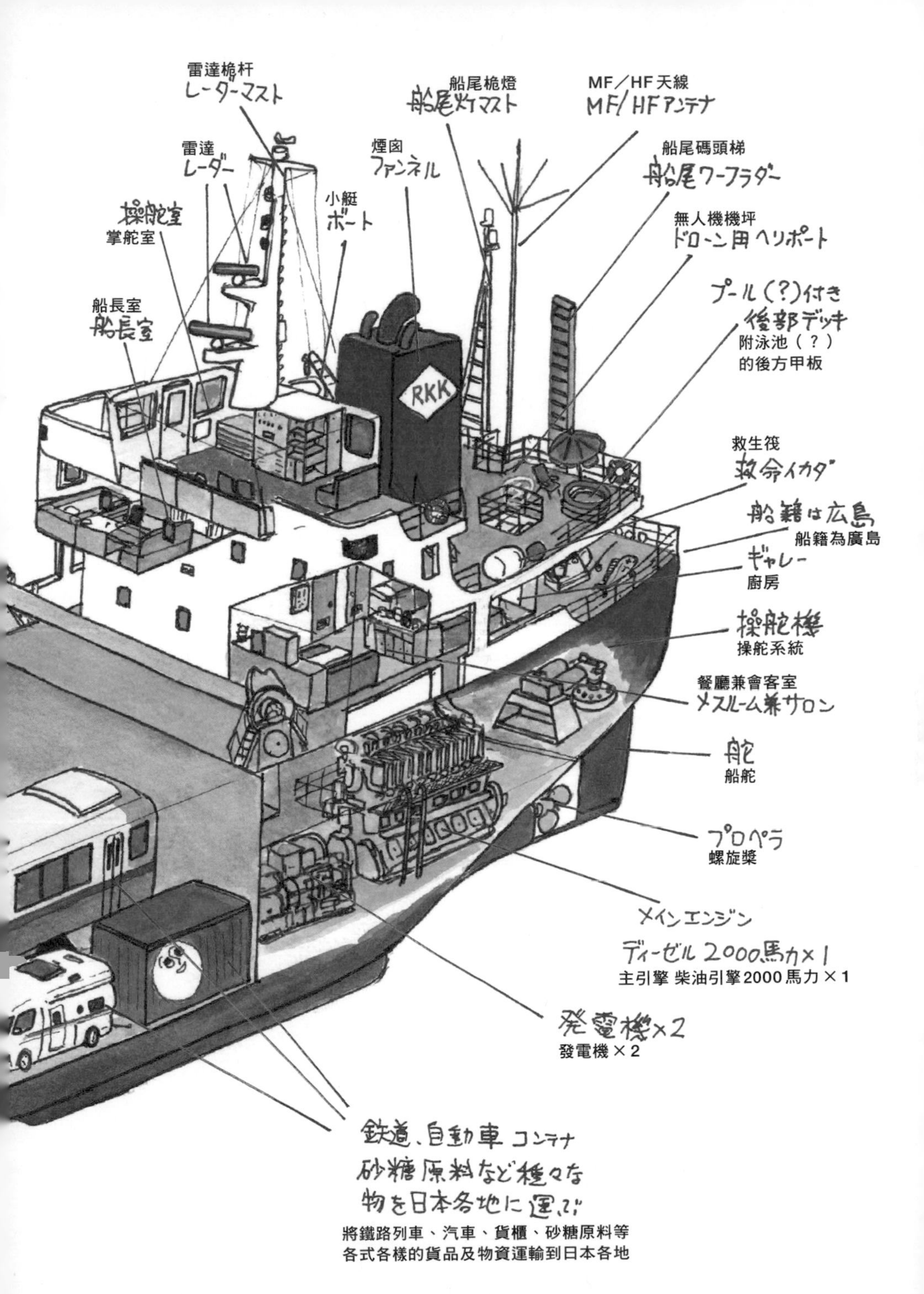

雷達桅杆
レーダーマスト
船尾桅燈
船尾灯マスト
MF／HF天線
MF/HFアンテナ
雷達
レーダー
煙囱
ファンネル
船尾碼頭梯
船尾ワーフラダー
小艇
ボート
操舵室
掌舵室
無人機機坪
ドローン用ヘリポート
船長室
船長室
プール(?)付き
後部デッキ
附泳池（？）
的後方甲板
RKK
救生筏
救命イカダ
船籍は広島
船籍為廣島
ギャレー
廚房
操舵機
操舵系統
餐廳兼會客室
メスルーム兼サロン
舵
船舵
プロペラ
螺旋槳
メインエンジン
ディーゼル2000馬力×1
主引擎 柴油引擎2000馬力×1
発電機×2
發電機×2
鉄道、自動車 コンテナ
砂糖原料など種々な
物を日本各地に運ぶ
將鐵路列車、汽車、貨櫃、砂糖原料等
各式各樣的貨品及物資運輸到日本各地

個性派船長所掌舵的船

承擔日本國內物流業務的船舶在5000艘以上，其中有多達7成的船都是總噸位不滿500噸的小船。

因為500噸以上的船隻所需的船員執照、能夠出入的港口、狹窄水路的航線、港口內須遵守的港則法、必須配備的航海機具和防災設備等等在法律上有全然不同的規定，所以能夠裝載一定的貨物，又方便進出任何港口，噸位落在498、499噸等極度接近500噸的小型貨船便成為現有環境下的首選。

而現在，有艘船從這些一般被稱為四九九的小貨船中脫穎而出，受到全日本的矚目。她有著在港口中也相當顯眼的深藍色船身，並再漆上黃、橘、紅三色的斜向條紋。船的名字叫做大峰山丸，名字取自船公司所在地廣島市西部一座美麗的獨立山峰。大峰山丸沒有固定航線，為不定期貨船，只要有需要運送的貨物就會前往日本各地。

在船上指揮調度的船長是一名在這個高齡化越來越嚴重的小型船舶業界中稱得上是非常年輕的海上男兒，不論工作還是玩樂都使盡全力，也比任何事物都更珍惜自己的家人與同伴。

其社群帳號叫作大吟釀船長，從他有趣又灑脫的貼文中可以窺見其認真、一絲不苟的工作態度，也能從工作之外的生活看到他健康又豪爽的享樂方式，引起了很多水手跟船舶愛好者的共鳴。Twitter有超過8000名跟隨者，YouTube頻道也有2400名以上的訂閱者。

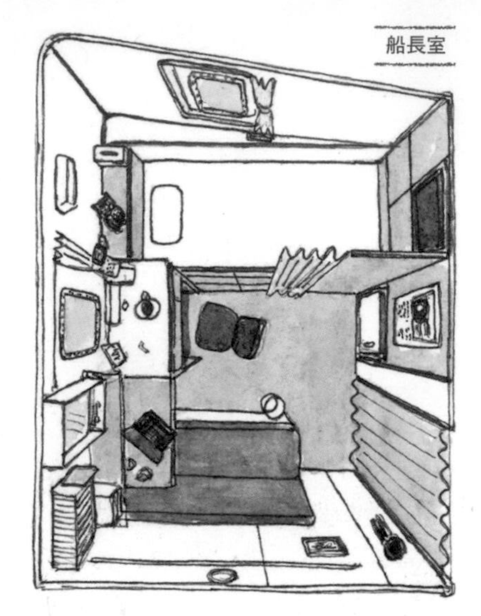

掌舵室正下方的邊間。船長在這裡處理各式各樣的困難業務，平時也會拿起收納在電視附近的各種玩具來玩。冰箱裡裝的大都是啤酒。

出沒於日本全國各地（除了小笠原）

如同前面所說，大峰山丸為不定期貨船，因此只要有貨物運輸的委託，日本北從北海道、南至沖繩離島的石垣島或南北大東島，有時甚至會在日本海一側看見她的身影。而大峰山丸前往橫濱港、東京港、大阪港等大型港口裝卸貨物的情況也不少見。

雖說碰上惡劣天氣船身會搖晃到傾斜40度以上，但有時候也會通過水面如同鏡子般的平靜海域；值勤以外的自由時間則偶爾可以拖釣上1公尺以上的大魚……在網路上看著這些航海過程中發生的插曲實在是非常有趣的一件事。

據船長說他還不時會拿出帶上船的三線（跟三味線很像，來自沖繩跟奄美地區的弦樂器，其實我也會彈）來演奏。

基本上船長每上船工作3個月就有將近1個月的假期，這期間他會開著被他稱作小魚板的露營車帶著家人外出；即使是在休息期間，也會把生活中的所見所聞與我們分享，我想這就是他的粉絲會不斷增加的原因吧。

慌忙卻也開心的船內生活

大峰山丸上包含船長在內，所有船員共只有5人。理所當然地，船長也需要每天在掌舵室值班2次，每次4小時。

其他的船員在值班之外的時間也要保養船隻、維護船上設備，到了自由時間則各自待在房間裡或到餐廳、甲板上打遊戲、讀書或釣魚。

如果想要吃東西，就要在靠岸裝卸貨物時先趁著片刻休息時間騎著放在船上的腳踏車去買食材，然後在各自適合的時機到餐廳自行烹調跟用餐。

若我們轉移目光到貨艙中，便可以發現船上裝載的貨物可謂是五花八門，因此船上並沒有吊臂或起重桿等任何裝載貨物用的設備。大峰山丸會充分運用長40m×寬10m×高6.1m且被寬大的艙蓋蓋起來的巨大貨艙空間，並使用港口裡的起重設備來裝卸貨物。

也因為是這樣的船身設計，大峰山丸可能這次運送填滿整個貨艙的穀物，下次就換成鐵路車輛，再下一次又換成線圈狀的鋼材……每次的貨物不同，裝卸的方法也會隨之變化。

提到港口的狀態，大峰山丸有時會前往與外海相連、靠岸總是令船身劇烈晃動的離島碼頭，有時也會前往數萬噸大型船隻及眾多小型快艇頻繁出入的都會大港；由於每個港口的環境差異非常大，因此每次大吟釀船長必須做出適當的指示，才能安然無恙地完成工作。

即使國內貨船的工作辛苦，但也有旁人難以體驗的樂趣。各位要不要到他的社群網站上看看貨船上的職場呢？最後請讓我說一句……橋就是用來穿越的東西啦！

大峰山丸

船舶資訊

2007年建造於渡邊造船所

總噸位498噸　全長76.1m　寬12.3m

航海速度13.2節　船員5名　載貨重量1599噸

在日本全國各地的港口間來往送貨

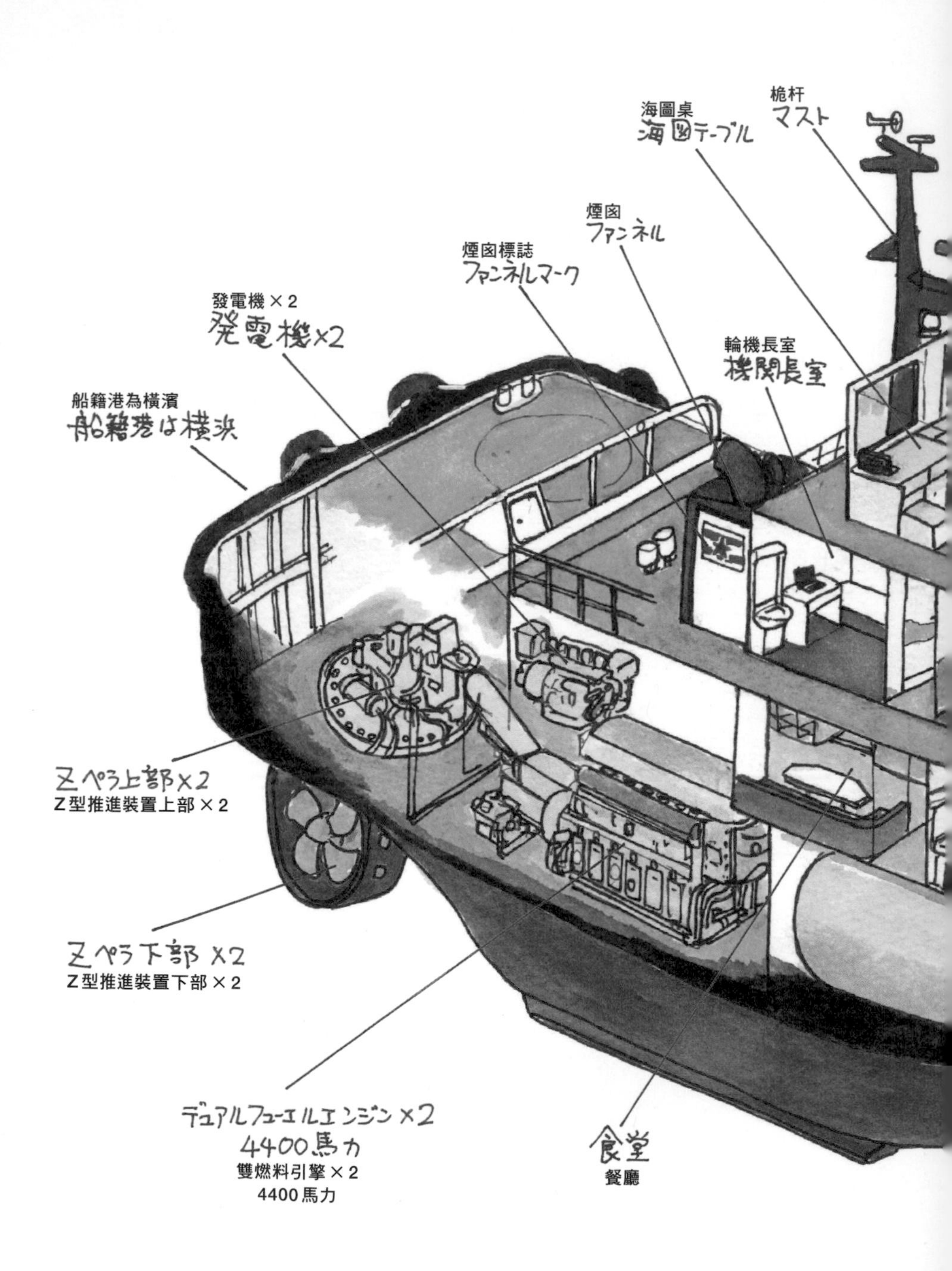
桅杆
マスト
海圖桌
海図テーブル
煙囱
ファンネル
煙囱標誌
ファンネルマーク
發電機 × 2
発電機×2
輪機長室
機関長室
船籍港為横濱
船籍港は横浜
Zペラ上部×2
Z型推進裝置上部 × 2
Zペラ下部 ×2
Z型推進裝置下部 × 2
デュアルフューエルエンジン ×2
4400馬力
雙燃料引擎 × 2
4400馬力
食堂
餐廳

股份有限公司新日本海洋社

拖船
魁

日本第一艘以LNG為燃料的港勤拖船

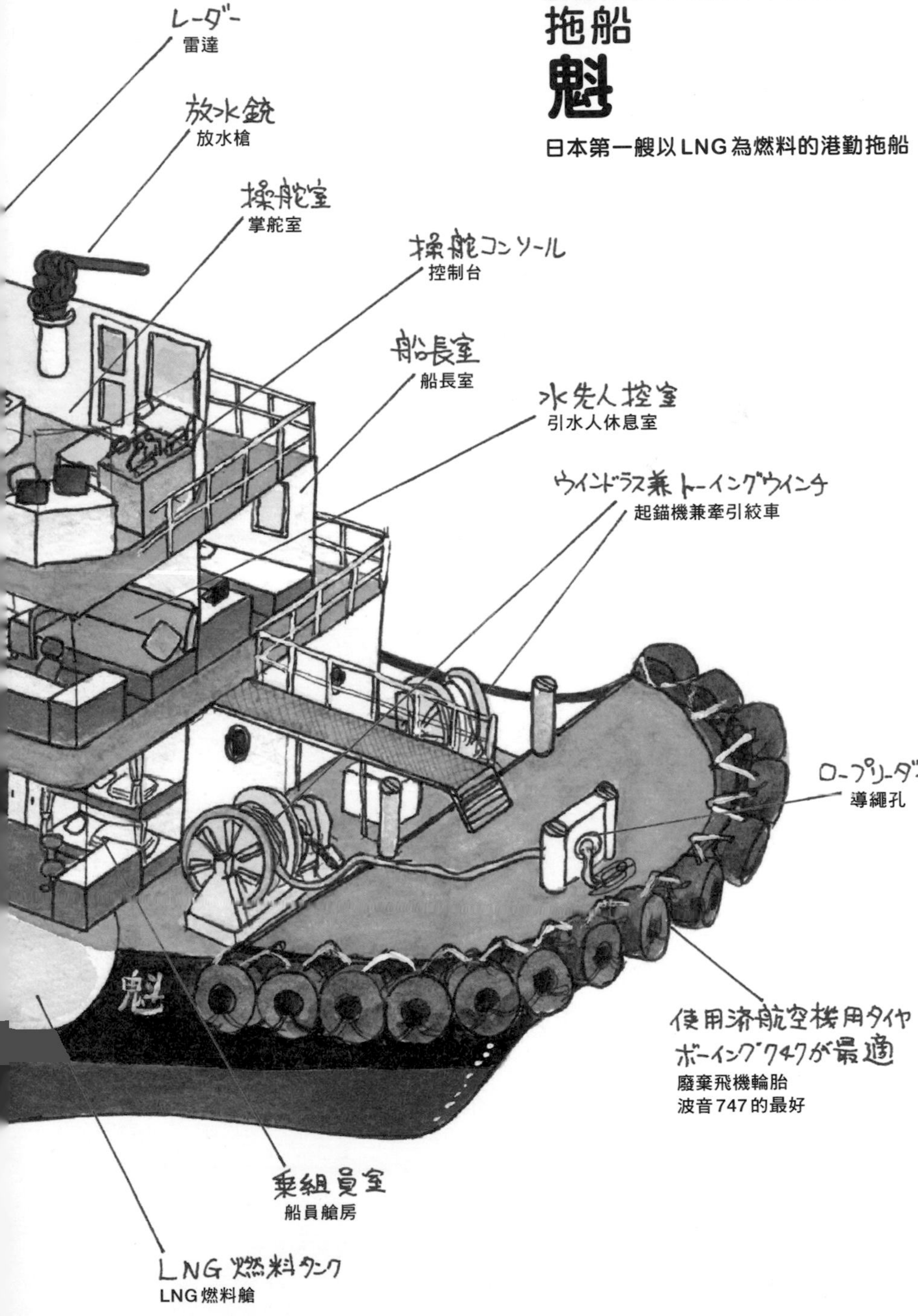

レーダー
雷達

放水銃
放水槍

操舵室
掌舵室

操舵コンソール
控制台

船長室
船長室

水先人控室
引水人休息室

ウインドラス兼トーイングウインチ
起錨機兼牽引絞車

ロープリーダー
導繩孔

魁

使用済航空機用タイヤ
ボーイング747が最適
廢棄飛機輪胎
波音747的最好

乗組員室
船員艙房

LNG燃料タンク
LNG燃料艙

港口的無名英雄

在港口裡協助巨大船隻的拖船是眾所皆知的存在，也是人氣很高的船種，不過令人意外的是我發現很少有人知道拖船內到底是什麼樣的結構……說實話，我自己其實也是直到要撰寫這本書並前去採訪時，才知道拖船內部長什麼樣子。

雖然拖船這個名字會讓人覺得拖船的工作是在船尾放下繩索並連結大型船的船首，然後拉著大型船一起前進，但實際上拖船平時很少進行這類作業，只有在牽引駁船這種無動力船或是在牽引造船廠內外船隻等情況才有機會看到。

由於大型船在低速時船舵幾乎不會動，因此拖船最常見的工作其實是在大型船離岸或靠岸時用自己的船首推動大型船的船首或船尾，或繫上繩索朝著大型船的側面拖拽，換句話說幫大型船轉換方向或協助大型船橫向移動才是她們最主要的業務。

當然，最近許多船隻的船首或船尾都設有稱為橫向推進器的螺旋槳來幫助橫移，不過其推進力跟拖船比起來簡直是小巫見大巫；在碰上風勢強勁、來到不熟悉的港口、或是時間緊急必須立刻靠岸的狀況時，能夠以數公分為單位調整船隻方向的拖船是非常可靠的存在。

除了離岸跟靠岸時協助轉向之外，將船隻安全引導至港內或港外並注意其他小型船舶的護送工作，又或是事故發生時的救災（船上配備可每分鐘噴出6噸水的消防放水槍）和海難救助工作，拖船都是其中的要角。拖船雖小，卻可說是港口的守護神。

引水人（領航員）
休息室

除了小型的引水船之外，引水人有時候也會先搭上這些拖船，並在大型船航行途中透過拖船登上大型船。或許引水人都是在這裡擬定策略，思考接下來登船後的引航方式吧。

其實拖船並不小

由於拖船平時總是在協助大型船，因此常常給人嬌小可愛的印象，但實際靠近一看就會被拖船那比想像中還大很多的尺寸給嚇到。

比較大的拖船甚至可以達到長40m左右、寬10m左右的尺寸，這比航向離島的Jetfoil還大了兩圈；如果說跟位於箱根蘆之湖那些海盜船風格的巨大觀光船差不多大，我想各位應該就能理解我的意思。

如前一頁的解剖圖所示，船內分成4層，其中包含艙房讓船員住宿以便夜晚出動，另外還有廚房、餐廳跟浴室等等，設備可說相當齊全。

不過這類拖船跟一般商船最大的不同，其實是船上搭載的推進系統；拖船的引擎產生的動力會傳輸到船尾下方圓筒中的螺旋槳，而且這個螺旋槳還能連著圓筒在水平方向旋轉360度。這種形狀特殊的Z字形推進裝置一般通稱為Z-PELLER（商品名）。

原本速度為零時船舵是不起作用的，然而藉由這套推進系統，拖船可以在靜止狀態下輕鬆地旋轉一圈。我曾經在港口的活動中看過拖船實際以這種方式旋轉，那不斷轉圈的身姿簡直就像滑冰選手一樣看起來美麗又有趣。

正因為有這自由自在的推進系統與能夠產生4000馬力以上功率的強勁引擎，拖船才能夠隨心所欲地移動並安全地引導大型船隻。

邁向脫碳社會的新時代引擎

在那麼多拖船中，這艘魁最大的特色在於她是日本第一艘以LNG（液化天然氣）為主、A重油為輔，採用雙燃料引擎的船舶（LNG運輸船除外）。

近年來，日本政府積極推動碳中和政策，而這款雙燃料引擎恰恰先於政府體現了這項理念；雖說會同時使用A重油，但重油只用在引擎剛發動或LNG供應不及的時候，平時的運作則幾乎全仰賴LNG。

也因此，搭載雙燃料引擎的船隻在使用LNG時，二氧化碳的排放量減少約30%、氮氧化物則減少約80%、硫氧化物更幾乎減少100%，可說對地球環境相當友善。

預定於今年2022年在大阪～別府航線服役的SUNFLOWER新渡輪，或郵船Cruises公司計畫在2025年推出的5萬噸級郵輪等新船，也都預計會使用這款LNG燃料引擎。

我想今後還會不斷有船隻採用，使它成為新時代的引擎吧。

身為一名船舶迷，我很期待在不久的將來看到這艘魁在橫濱港協助以LNG為燃料的郵輪。

船舶資訊

2015年建造於京濱Dock股份有限公司追濱工廠

總噸位272噸　全長37m　寬10.2m

航海速度14節

主要在橫濱、川崎地區負責拖船及進路、側面警戒船的工作

岡山濟生會
醫療船
濟生丸（第4代）

在瀨戶內海巡迴看診的日本唯一一艘醫療船

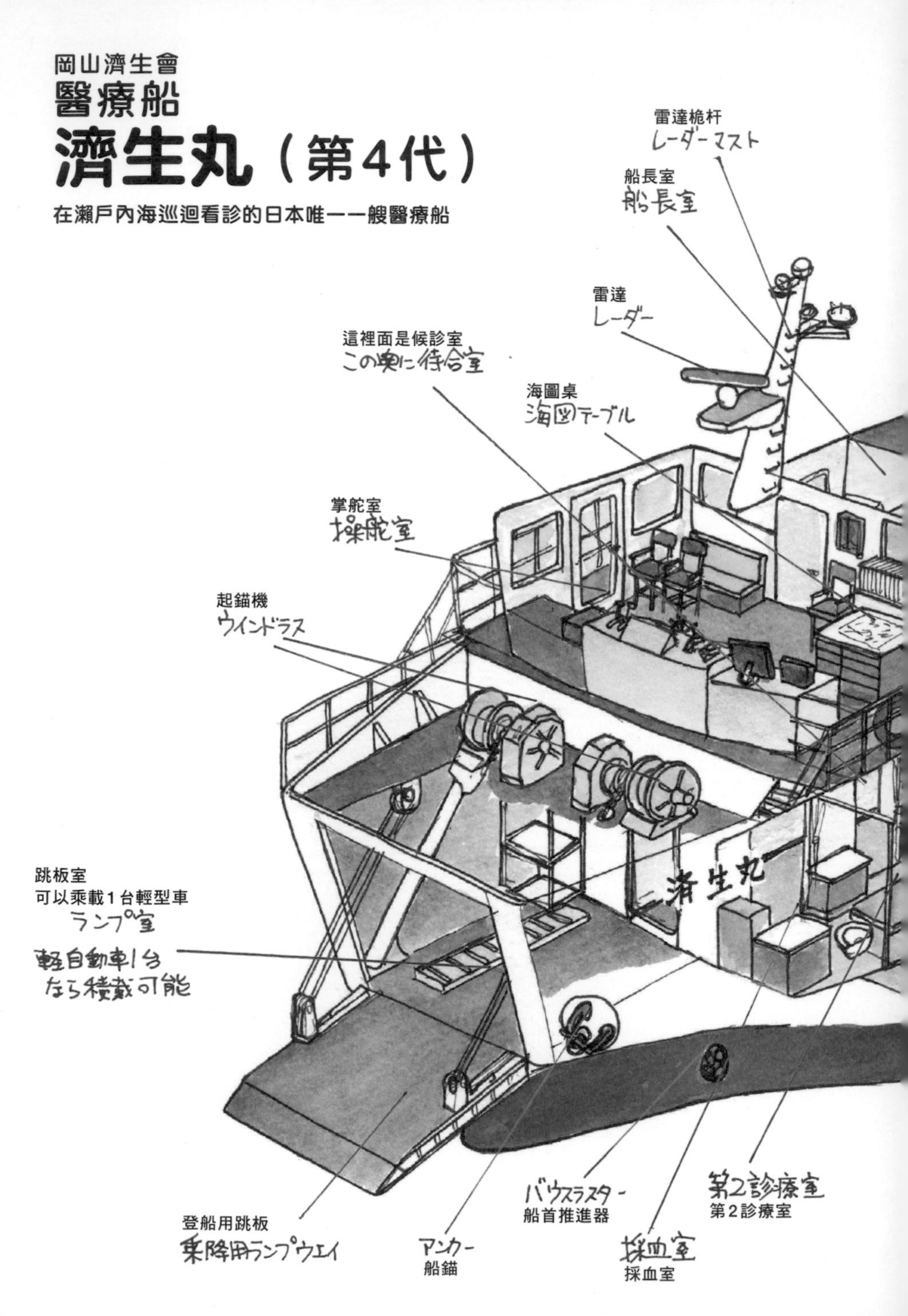

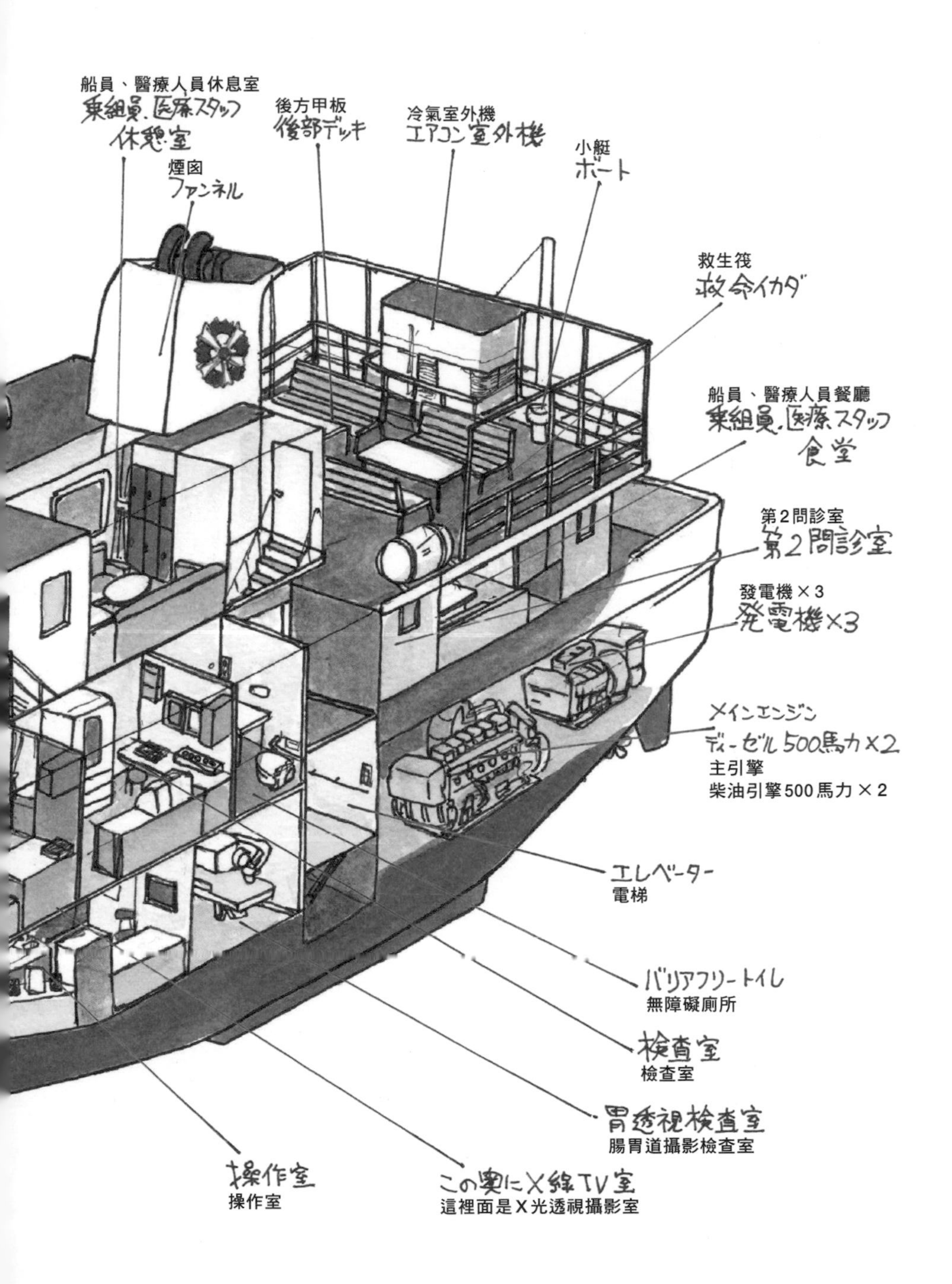
船員、醫療人員休息室
乗組員.医療スタッフ
休憩室
煙囪
ファンネル
後方甲板
後部デッキ
冷氣室外機
エアコン室外機
小艇
ボート
救生筏
救命イカダ
船員、醫療人員餐廳
乗組員.医療スタッフ
食堂
第2問診室
第2問診室
發電機×3
発電機×3
メインエンジン
ディーゼル500馬力×2
主引擎
柴油引擎500馬力×2
エレベーター
電梯
バリアフリートイレ
無障礙廁所
検査室
檢查室
胃透視検査室
腸胃道攝影檢查室
操作室
操作室
この奥にX線TV室
這裡面是X光透視攝影室

在沒有醫療院所的島嶼間奔走的海上醫院

由數千座島嶼形成的日本列島中，約有400座島嶼為有人島，然而這些島嶼上大多都沒有醫療設備完善的診所或醫院。更令人憂心的是，島嶼上這些無醫村人口外流及高齡化的情況越來越嚴重。

被本州和四國圍起來的瀨戶內海各個島嶼也是如此；雖然風景優美，但無醫村卻佔了多數，住在島上的許多高齡者就算想要做好健康管理，卻連前往城市裡的醫院也都相當不便。

1962年（昭和37年），為了將來可能會發生的醫療困境，慈善團體在「預防醫學」的觀點下建造了搭上醫師與護理師的醫療船，並在環繞瀨戶內海的岡山、香川、廣島、愛媛四縣各個島嶼進行巡迴看診。這艘船即是瀨戶內海的海上醫院「濟生丸」。

60年來，濟生丸持續在瀨戶內海看診，讓島上的人們能夠安心生活。阪神淡路大地震時，濟生丸也積極參與了災害的救助。

本書所介紹的濟生丸是現正服役中的第4代，為2013年（平成25年）完成的新船，船上搭載了最新的診療與檢查設備，並與前幾代一樣奔走於瀨戶內海的島嶼之間。

很常被誤解的是，歷代濟生丸都不是基於治療疾病的「治療醫學」，而是基於預防疾病的「預防醫學」觀點來進行診察和健康檢查，跟一般人想像中能在船上動緊急手術或住院的醫療船大不相同，因此船上既沒有手術設備，也沒有病房供患者住院。

觀察船的結構，可以看到船首有開闔式的跳板，外表看起來就像一艘小型汽車渡輪。

這樣的出入口設計可以解決輪椅因各種原因無法停靠在棧橋上的情況，於此同時還能當作物資的裝載口。如果有需要，這裡也能勉強停放一輛輕型車。

從船首的出入口進入船內後，可看到兩舷有醫師在內看診的診療室，左舷還有各種檢查室，至於右舷則有寬廣的候診室，格局跟我平時在城市裡去看診的健檢中心完全相同，我都差點忘了我是在船裡面。

在檢查區域的更裡面是船員跟醫療人員專用的餐廳。聽說以前這裡會製作所有船員的餐點，不過現在採用大家自己帶便當上船，並在這裡用餐的方式。

為了盡可能完善無障礙空間，從這一代濟生丸開始在船身中央增設了電梯。坐電梯來到下層甲板，則是各種X光檢查室。不論是喝下鋇劑後叫你不要打嗝，然後蠻橫地（各位醫療人員，對不起）把身體轉來轉去的腸胃道攝影檢查室，還是解剖圖上沒有畫出來、用來檢測乳癌的乳房攝影室也都在這一層。

最上層的船橋甲板主要是供船員和醫療人員使用的設施。前端凸起來的地方是掌控全船航行的掌舵室，其後方則是船長室等船員的艙房，中央區域則是醫療人員的休息室。

船尾是附帶遮陽篷的開放式甲板，並整齊排列著桌子與長椅。如果候診室人

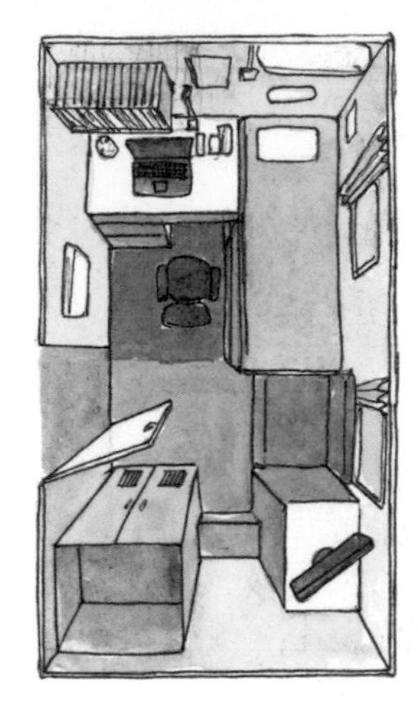

船長室

雖然沒有專用的淋浴間跟廁所，但睡起來仍算舒適。包含船長在內的5名船員休週六與週日，而在平常日的夜間則輪流值班與使用房間。

太多或天氣好的時候，來做檢查的人也可以在甲板上等候，這讓我有些羨慕。

人口外流與高齡化的現實

雖然醫療團隊會隨著排定的檢查內容跟巡迴地區而有所不同，但通常都有醫師、護理師、藥劑師與醫檢師等等4名到12名人員登船，從早上到傍晚為居民看診與檢查。

但就如同前面所述，島上居民的健康檢查才是主要目的，船上最多只有做到簡單的內科診療，外科類的傷口處理只偶爾在檢查時有輕傷患者才順便治療。當我詢問船員「你們有在船上做過檢查嗎？」時，聽到的回答是「沒有，畢竟我們都住在可以前往醫院的地方」。

巡迴的島嶼如同前述為4個縣的60個島，港口約有76處，算起來每個島一整年只能接受1～2次左右的診察，而且在各個島上的情況也不盡相同；在某些島上想做檢查的人大排長龍，時刻盼望著濟生丸的到來，然而某些島在船靠岸的期間卻僅有寥寥數人前來看診。每年看診人數越來越少，也反映了離島人口外流與高齡化日漸嚴重的現實。

日本全國各地還有很多像這樣的島嶼，瀨戶內海有濟生丸這樣的醫療船四處看診已經算是相當優厚的環境。雖然在航海條件等層面上或許有諸多難處，但我仍殷切期待能有更多新的醫療船前往各地服役。

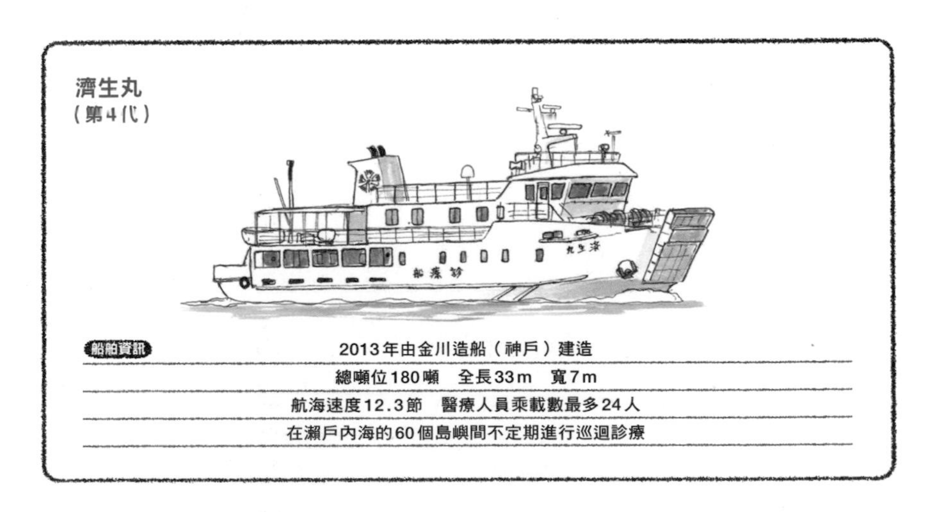

股份有限公司磯前漁業所

遠洋捕鮪船
第二十一磯前丸

在遠離日本的大海中作業的捕鮪船

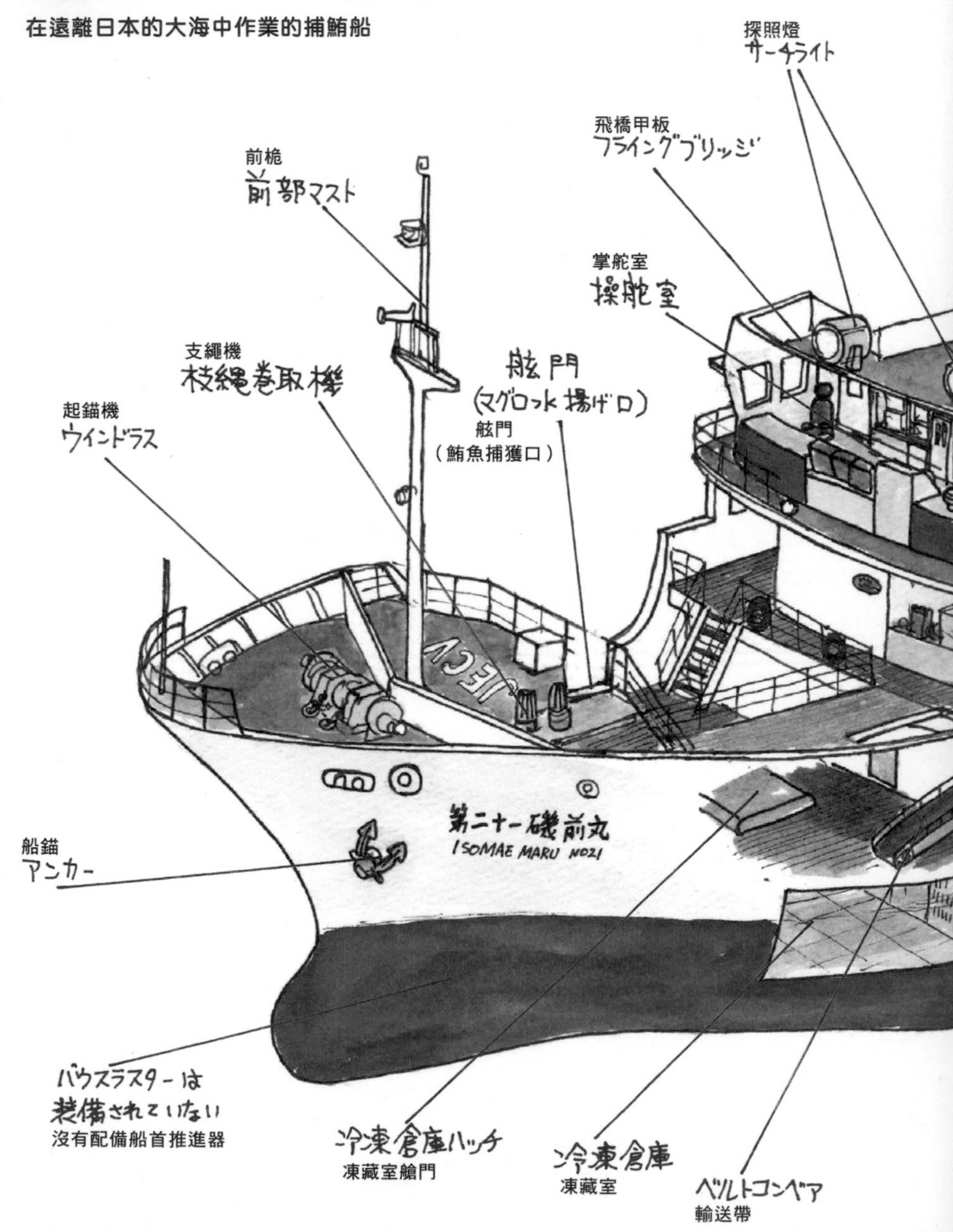

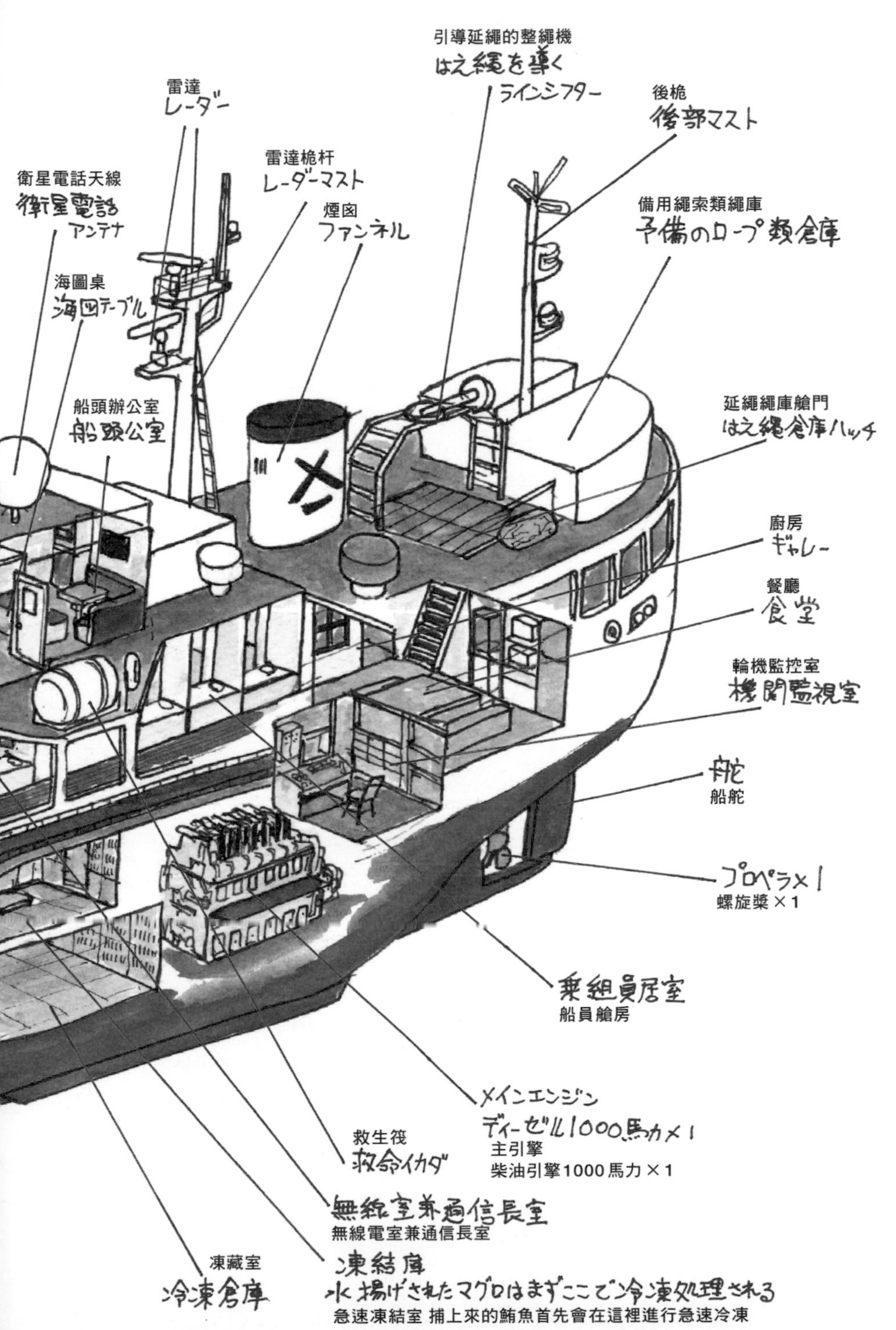

引導延繩的整繩機
はえ縄を導く
ラインシフター
後桅
後部マスト
雷達
レーダー
雷達桅杆
レーダーマスト
衛星電話天線
衛星電話
アンテナ
煙囪
ファンネル
備用繩索類繩庫
予備のロープ類倉庫
海圖桌
海図テーブル
船頭辦公室
船頭公室
延繩繩庫艙門
はえ縄倉庫ハッチ
廚房
ギャレー
餐廳
食堂
輪機監控室
機関監視室
舵
船舵
プロペラ×1
螺旋槳×1
乗組員居室
船員艙房
メインエンジン
ディーゼル1000馬力×1
主引擎
柴油引擎1000馬力×1
救生筏
救命イカダ
無線室兼通信長室
無線電室兼通信長室
凍藏室
冷凍倉庫
凍結庫
水揚げされたマグロはまずここで冷凍処理される
急速凍結室 捕上來的鮪魚首先會在這裡進行急速冷凍

有限的居住空間

日本人很愛吃鮪魚（當然我也是），而支撐日本國內消費的鮪魚漁獲，大多都不是來自日本近海，而是來自遠在數千公里外的太平洋、越過赤道的南半球、甚至是遠征到大西洋的遠洋鮪延繩釣漁船所帶來的。

日本兩百多艘捕鮪船會從燒津、三崎、清水、氣仙沼、鹽釜等遠洋漁業基地出發，進行為期數個月到一年半的航行。而此處要介紹的就是這些捕鮪船的其中一艘，船員由5名日本人及20名印尼人所組成。

通常在船上擁有最高權限的是船長，不過在這類漁船上，雖然船長仍一手承擔與航海有關的責任，但漁船原本的工作是捕撈，因此管理與監督捕撈作業的船頭（漁撈長）才擁有整艘船的所有權限。而也因為如此，船頭的艙房是整艘船上最大的空間。船長、一等航海士、輪機長、水手長等幹部如同插圖般住在獨立艙房中，至於其他普通印尼船員則每2～4人住在配有上下舖的房間裡。

浴室（浴缸的熱水用海水，淋浴為造水機做的純水）為全員共用，餐點則是由印尼主廚做的美味佳餚，用餐時大家會聚在船身後方中央的餐廳，氣氛和樂融洽。據說主廚也很會做日本料理。

為了前往太平洋南半球的漁場需要耗費數十天的時間，可能還得穿越浪高10公尺以上的海上風暴。在此期間船員們會彼此合作仔細檢查漁具，必要時進行補修，準備在抵達漁場後進行延繩釣。

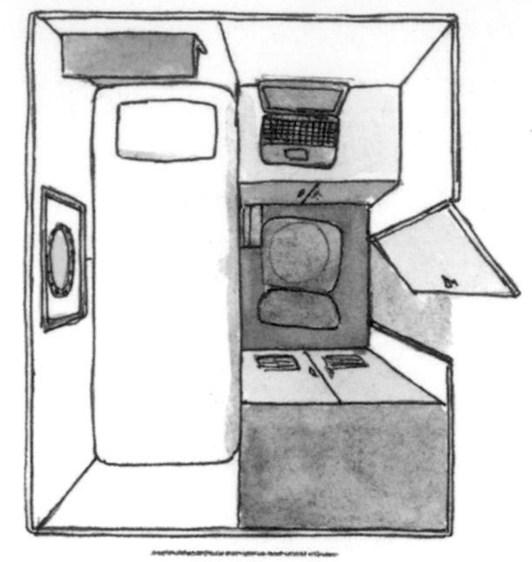

一等航海士室

房間約1坪左右，放著185cm×70cm的床和桌子。看起來有點像長距離渡輪的標準單人艙房。

與鮪魚之間的殊死戰

簡單說明一下捕鮪船的延繩釣漁法。在延繩釣中，核心工具是一套稱為幹繩的漁繩，幹繩的直徑約為5毫米，總長度達到100㎞以上。捕鮪時會在這長到驚人的幹繩上勾住180顆左右的浮球以及約3000條掛有魚餌、長度20～30m的支繩，並從船尾將漁繩投入海中。這項作業稱為投繩，船頭會在看好的漁場以約莫10節的速度航行並持續投放約5小時，這樣就完成一次投繩作業。在待機數個小時後，漁船會回到最初投放的位置，接著進行稱為揚繩的回收作業；揚繩時漁船會以5節的緩慢速度航行，船員則用手將漁繩拉近船身。另外，投放浮球時每20顆左右就會裝上1顆無線電浮標，因此揚繩時可以依據浮標發出的無線電訊號定位回收。

漁繩會被拉上右舷前方一段較低的作

業用木質甲板，並將掛有魚餌的支繩收捲起來。如果有捕到魚，那麼甲板上的人會全部動員一起來處理漁獲。

雖然主要的目標是鮪魚，不過比較常捕到的是大目鮪、黃鰭鮪跟長鰭鮪，最高級的黑鮪很少有機會捕到。其他漁獲還有旗魚、馬加魚、鬼頭刀，偶爾還會捕到鯊魚、海鳥跟海龜等等。當然，如果捕到這些還是會放回海裡。

捕上來的鮪魚再小也有數十公斤，大的甚至超過200公斤，僅憑一個人的力量根本無法處理，如果鮪魚開始掙扎更有受傷的危險，因此將鮪魚捕上水面前會先透過電擊將魚電暈再拉到甲板上，緊接著放血並去除內臟、魚鰓跟魚鰭。在測量每一隻鮪魚的重量後，會先將鮪魚放進同一層甲板裡的凍結室將鮪魚急速冷凍，最後再放進下層甲板中溫度為零下60度的凍藏室裡保存。

在接近乾冰的超低溫中冷凍，才能極力延緩蛋白質被酵素分解以及脂肪氧化，並減少微生物的繁殖。憑藉這項技術，釣起來的鮪魚就能在新鮮狀態下從港口運到市場，再送進每個人的家中。

整個揚繩作業會持續10小時以上，而且在捕撈期間中還需要反覆多次，可以說只要站上甲板就幾乎沒有太多休息時間，是一件極為辛苦的工作。不過船員也說，當看到漁繩捕上巨大的鮪魚時，那種雀躍的心情是難以言喻的。

由於漁場大多位在大洋中心，離最近的陸地最少也要數千公里，光是回到港口就要花費數天到一週以上，因此捕撈期間幾乎不會靠港。

也因為是這種工作行程，有時候會有油輪將燃料運送給這些漁船進行海上補給，並與這些漁船建立聯絡管道。於此同時，可能還會送來新鮮蔬果與家人寄來的信，這對過著單調海上生活的船員們來說無疑是最令人期待的一件事。

完成長時間的捕魚後，漁船會再次航向漫漫長路，最後把新鮮鮪魚運回國。

在家裡或餐廳品嚐美味的鮪魚時，希望各位還請想起這些辛苦的捕鮪船。

第二十一磯前丸

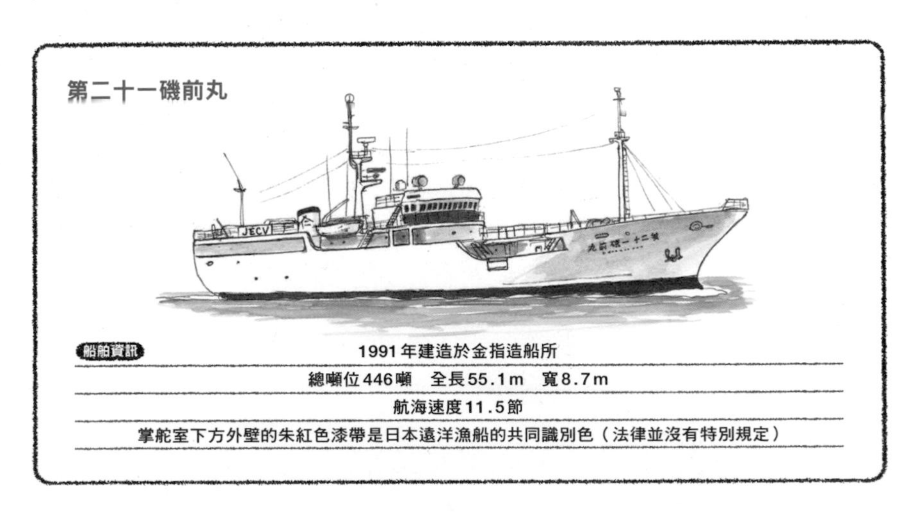

船舶資訊

1991年建造於金指造船所

總噸位446噸　全長55.1m　寬8.7m

航海速度11.5節

掌舵室下方外壁的朱紅色漆帶是日本遠洋漁船的共同識別色（法律並沒有特別規定）

井本商運股份有限公司

國內貨櫃船 長良

具備球狀船首的國內貨櫃船系列第二號

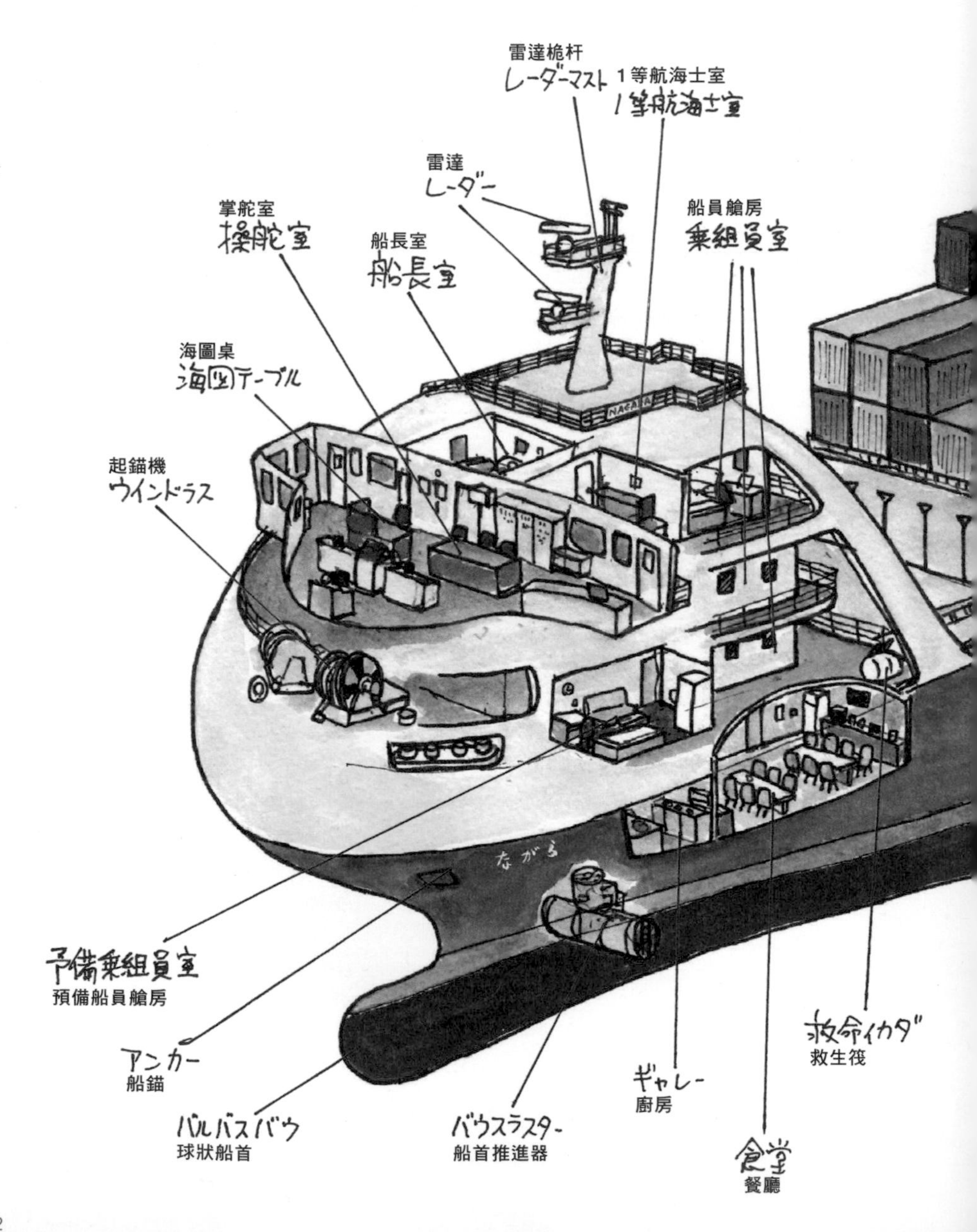

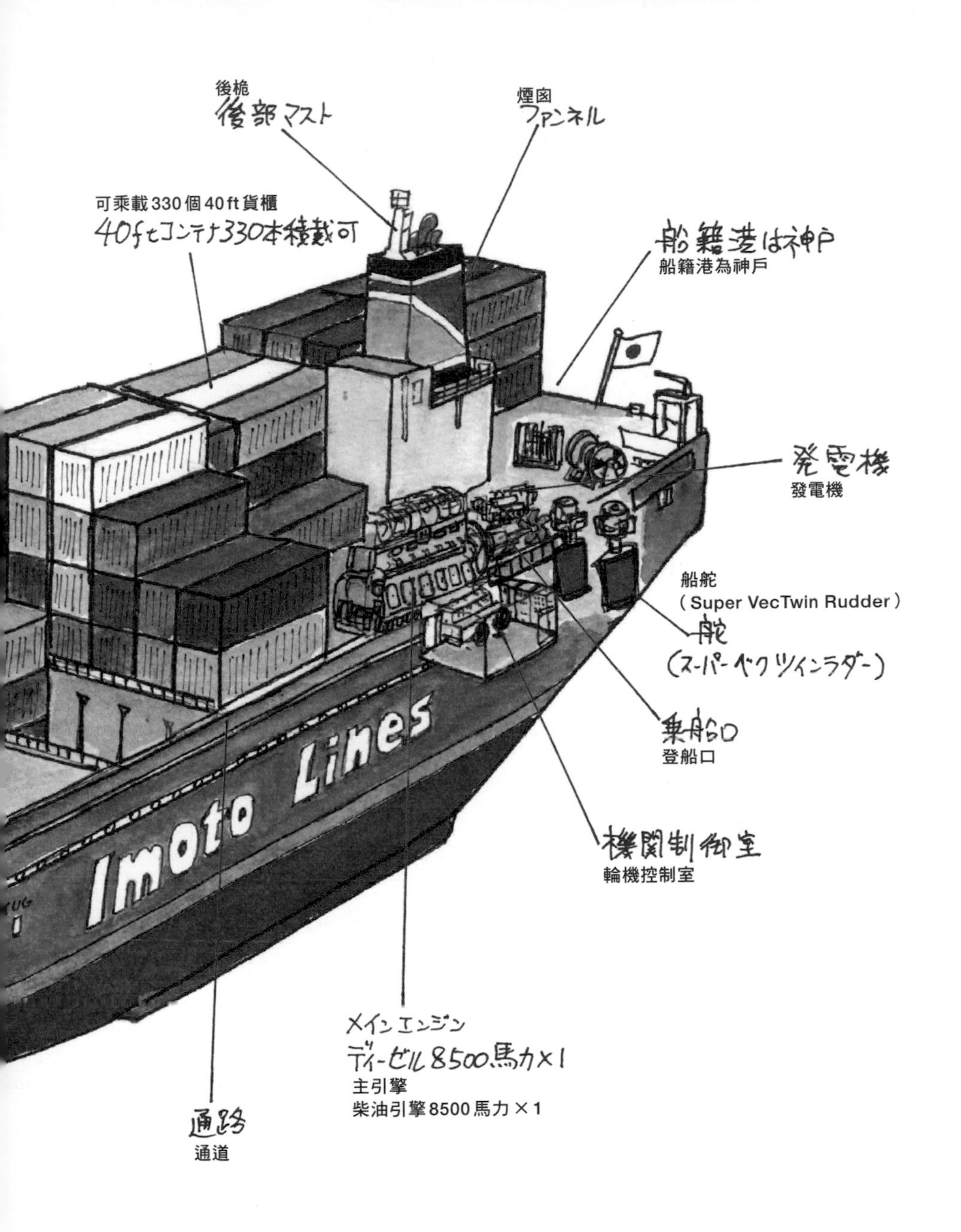
後桅
後部マスト
煙囪
ファンネル
可乘載 330 個 40 ft 貨櫃
40ftコンテナ330本積載可
船籍港は神戸
船籍港為神戶
発電機
發電機
船舵
（Super VecTwin Rudder）
舵
（スーパーベクツインラダー）
乗船口
登船口
機関制御室
輪機控制室
Imoto Lines
メインエンジン
ディーゼル8500馬力×1
主引擎
柴油引擎8500馬力×1
通路
通道

看一眼就忘不掉的船身造型

2010年（平成22年），位於下關的旭洋造船建造了一艘造型獨特的汽車船，其掌舵室與居住區所在的船首呈現乒乓球般的半球形，稱為SSS（Super Spherical Shape）半球形船首，並獲得當年度的Ship of the Year大獎。

4年後，旭洋造船完成了第一艘擁有SSS船首的國內貨櫃船「名取」，並交付給大型國內貨櫃船公司井本商運。

一般來說掌舵室會設置在靠近船尾的位置，然而這艘船卻像是把0系新幹線做成船隻般有著獨特的造型，讓看到的人都留下深刻的印象。在橫濱港大棧橋首度向大眾公開時便吸引了大量的參觀人潮，之後也獲得各式各樣的獎項而引起一陣話題。再4年後的2018年，旭洋造船完成了這艘雖然基本設計相通，不過性能更進一步提升的「長良」。

從視野無比開闊的掌舵室眺望大海

不論是這艘船還是名取，即使能從遠處看到她們航行於海上或停泊在港口的模樣，但畢竟一般人無法進入貨櫃碼頭，因此沒能參加在各地舉辦的名取參觀會的我，在第一次就近看到這對姊妹時就被那136m、總噸位7300的尺寸給震懾住了。以國內航線的貨船來說，這大小看起來實在相當巨大。

從靠近船尾輪機室的登船梯上船，然後經過船舷旁巨大貨櫃下方的狹長通道走向船首，就會抵達居住區。

當我被引領到掌舵室時，雖然事前已經想像過了，但我最驚訝的仍是掌舵室內的視野。

根據我的經驗，不論從哪艘船的掌舵室看出去，景色通常都沒什麼差別，唯一不同的頂多就是船首尖端的遠近罷了。但長良的情況卻是天壤之別……環繞整個掌舵室的玻璃窗讓人彷彿置身寬廣的觀景室，前方則是開闊的視野；從窗戶往下看只能看見正下方的狹窄外部通道，完全看不到船首尖端……或說根本沒有尖端。仔細想想，其所在的位置在普通的船上可是升起公司旗號的船身最前方，看不到也是理所當然的。

當我詢問航海士「這樣船難道不會很難開嗎？」他們卻這麼回答「一開始確實會因為難以辨別前進方向而感到困擾，但習慣後就沒什麼大礙了，現在反而會覺得在船尾掌舵時的視野太糟，實在不好開船」。

原來如此。由於我年輕時開的是引擎蓋很長的車，所以開平頭型的車子，也就是駕駛席比前輪還前面的廂型車時，雖然一開始覺得視野跟駕駛感很奇怪，但很快就習慣了，後來甚至覺得這種車比較好開。我想航海士他們的感覺就跟這一樣吧。

根據資料，這種半球形船首能減輕30%的正面風阻，並減輕5%的燃料消耗，而且因為掌舵室離輪機室很遠，所以幾乎感覺不到引擎的振動。

不過也因為船員的艙房都集中在掌舵室附近，所以理所當然地，垂放船錨的噪音、推進器的運作聲、或是惡劣天氣時的波浪聲都相當大，在沒有值班的時間裡聽到這些聲音恐怕會被驚醒吧。

說到最關鍵的搖晃……船首是船上搖晃最劇烈的位置，在惡劣天氣下航行想必會非常辛苦吧；然而當我這麼問船員，船員們卻說「雖然起初感覺自己像在坐雲霄飛車之類刺激的遊樂設施，但反正船本來就會晃，習慣後就沒什麼大不了的」……果然水手們實在都很厲害。

長良不愧是國內航線的貨櫃船中最大級別的船隻，每間艙室都跟插圖所畫的一樣頗為寬敞，尤其像上層甲板左舷的餐廳還可以讓全部12名船員一起用餐都還有多餘的空間。

這次採訪時正在餐廳的廚房裡面製作料理的司廚長曾在郵船Cruises公司旗下的飛鳥號上擔任過廚師，是一位有著精彩經歷的人。另外在這艘船上，似乎也能品嚐到日本郵船公司那經典的乾咖哩，光是聽到這我就已經羨煞不已了。

順帶一提，雖然同是採用SSS船首的姊妹船，不過船內的配置或使用的船舵產品（長良為Super VecTwin Rudder，名取為Ocean Shilling Rudder）等等，姊妹彼此之間在看不到的地方有不少差異；相反地，船身的外表看起來倒是頗為相像，幾乎無法分辨。想要分辨的話，最明顯的地方是掌舵室前面的部分，有扶手的是長良，用舷牆（防波浪的鐵板）圍起來的是名取。

預備船員艙房

房內配有沙發、冰箱與液晶電視，寬敞程度以渡輪來說幾乎等同於1等客艙。窗戶是大片方形的玻璃窗。其他一般船員的房間也都有著差不多的設備。

長良

船舶資訊

2018年由旭洋造船建造

總噸位7432噸　全長136.2m　寬21m　航海速度16節

載重量6900噸　貨櫃乘載量670TEU

服役於東京／橫濱～神戶～門司～博多航線

第3章

學習、調查的船

獨立行政法人 海技教育機構

訓練船

大成丸（第4代）

船型有些特殊的最新訓練船

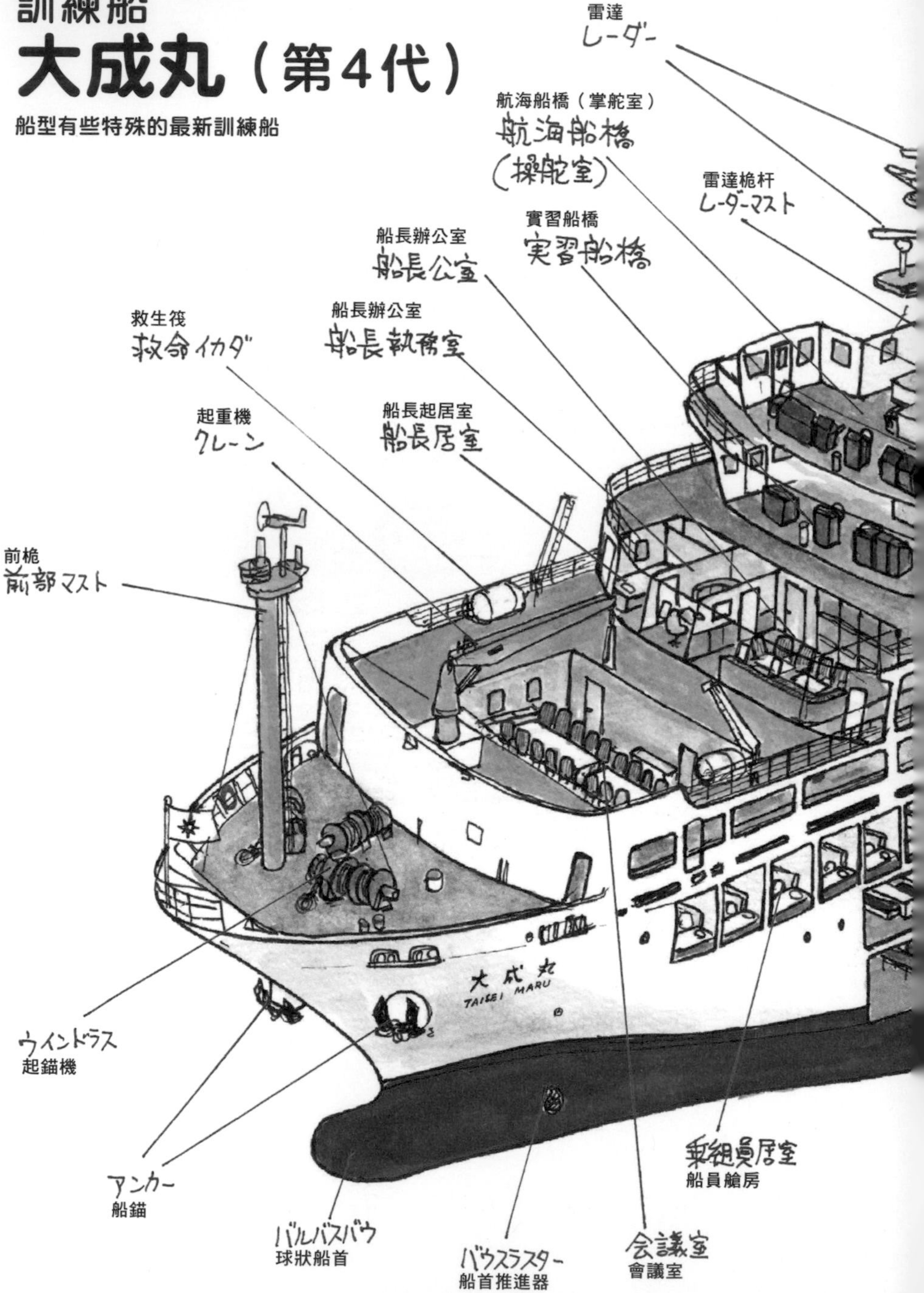

雷達
レーダー

航海船橋（掌舵室）
航海船橋
（操舵室）

雷達桅杆
レーダーマスト

實習船橋
実習船橋

船長辦公室
船長公室

船長辦公室
船長執務室

救生筏
救命イカダ

起重機
クレーン

船長起居室
船長居室

前桅
前部マスト

大成丸
TAISEI MARU

ウインドラス
起錨機

アンカー
船錨

バルバスバウ
球狀船首

バウスラスター
船首推進器

会議室
會議室

乗組員居室
船員艙房

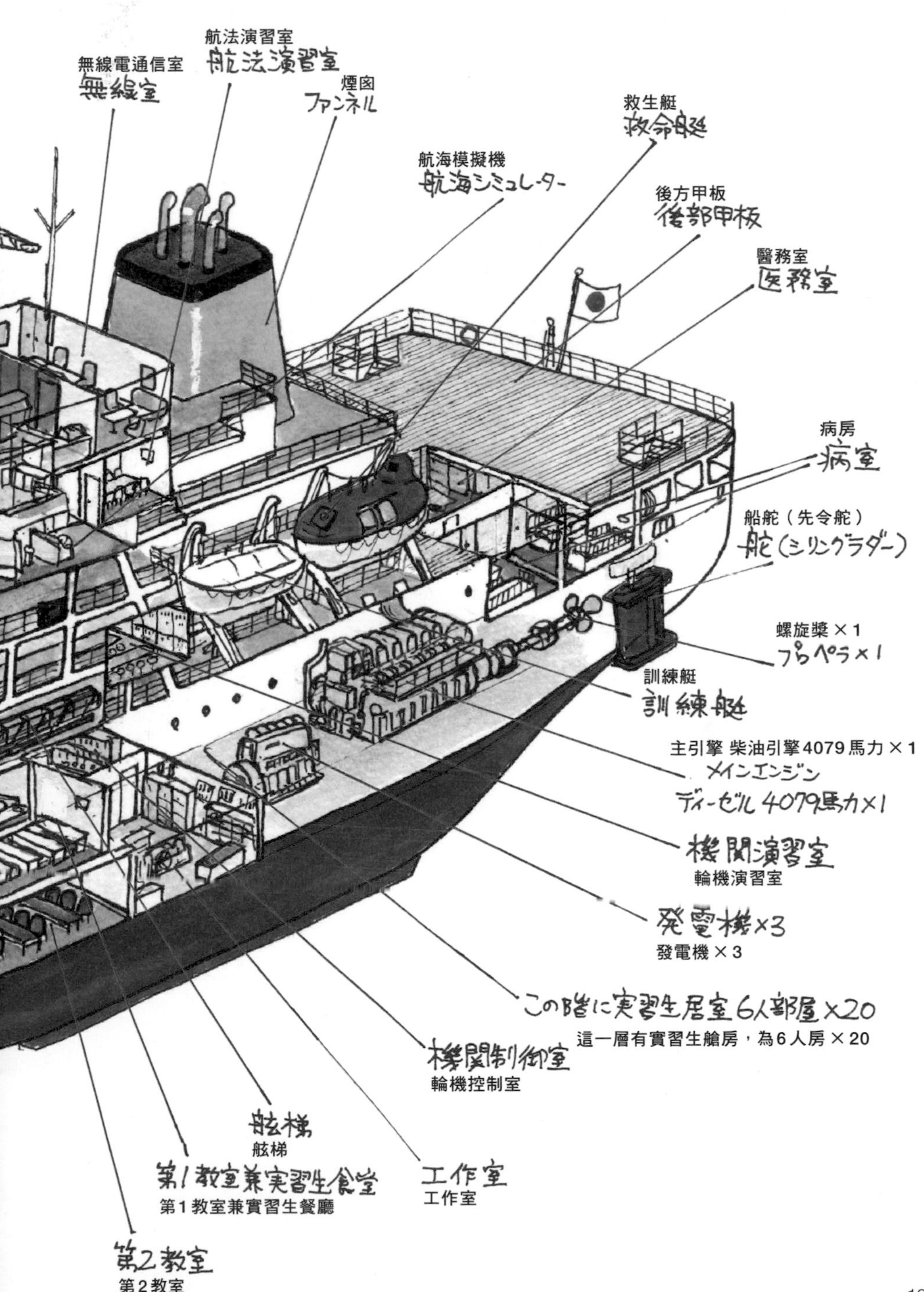

航法演習室
航法演習室
無線電通信室
無線室
煙囪
ファンネル
救生艇
救命艇
航海模擬機
航海シミュレーター
後方甲板
後部甲板
醫務室
医務室
病房
病室
船舵（先令舵）
舵（シリングラダー）
螺旋槳 × 1
プロペラ × 1
訓練艇
訓練艇
主引擎 柴油引擎4079馬力 × 1
メインエンジン
ディーゼル 4079馬力×1
機関演習室
輪機演習室
発電機×3
發電機 × 3
この階に実習生居室6人部屋×20
這一層有實習生艙房，為6人房 × 20
機関制御室
輪機控制室
舷梯
舷梯
第1教室兼実習生食堂
第1教室兼實習生餐廳
工作室
工作室
第2教室
第2教室

來到第4代終於採用柴油引擎

國交省所管理的船員教育機構「獨立行政法人海技教育機構」擁有2艘帆船以及3艘柴油引擎船共5艘訓練船，而在這之中最新建造的便是這艘大成丸。

不過其船名的歷史在機構中是最古老的，可追溯自1903年（明治36年）。

當時日本最早也最正式的訓練帆船「月島丸」在1900年（明治33年）因颱風而損毀，為此所建造的替代船便是第一代大成丸，跟現代的日本丸或海王丸一樣都是4桅的Barque型帆船。

雖然第一代大成丸好不容易跟同僚的帆船們一起倖免於太平洋戰爭的摧殘，但卻在戰後不久被殘餘的水雷給炸沉。而這艘船的木製船名牌被歷代的大成丸所繼承下去，現在的第四代船內也展示著這塊船名牌。

二戰後，當時的航海訓練所沒有餘力再建造新的訓練船，因此只能向日本郵船購買採用蒸氣渦輪引擎的國內客貨船「小樽丸」（新潟～小樽航線）來改裝；在經過10m的船身延長作業之後，1954年（昭和29年）開始作為訓練船使用，而這就是第二代大成丸。到了1981年（昭和56年），第二代因老化嚴重而解體，接手的第三代是同一年新建造的正統訓練船，同樣採用蒸氣渦輪引擎；雖然當年那個時代已經幾乎沒有人在建造蒸氣渦輪引擎的商船了，不過考量到還是有些舊船會使用，因此第三代才刻意選用了這種引擎。

最後來到2014年（平成26年），這艘第四代大成丸完工，並成了歷代擁有這個名字的訓練船中第一艘採用柴油引擎的船。

在此之前包含第三代大成丸在內，比較近期建造的訓練船每艘都是長度超過100m、總噸位接近6000噸的大船，但為了接近國內貨船的標準大小，第四代設計得小了兩圈以上。

此外雖然之前的船都有很長的居住區，而且掌舵室（訓練船上稱為船橋）靠近船身前方，外觀看起來頗類似客貨船，然而第四代卻把這些都集中到幾乎船身的中央，使她有著跟其他任何船都截然不同的特殊形狀。

根據海技教育機構的官方網站所說，這種設計是為了讓船橋的視野與操船的感覺更接近引擎置於船尾的一般國內貨船……的確，若將前半部的居住區視作貨船上載運的貨櫃，那麼這樣的設計就滿合理的了。

小船身卻有著大量實習設備

雖說船身較小，卻分成主要8個樓層。下層甲板有上下2間教室（其中一間兼當作餐廳與圖書室），再往上的上甲板並排著插圖所畫的20間實習生艙房，其最後方則有醫務室以及擺放4張床的病房。

接著往上是救生艇甲板，甲板前方有會議室，而兩舷則是長長的開放式甲板，途中可看見上下船用的舷梯以及訓練艇、交通艇、救生艇等小艇類，最後就來到訓練船傳統的寬廣甲板。這裡跟其他訓練船一樣用來實習、運動或進行

實習生艙房

房間為6人房，其中擺放著在船上通常稱為Bunk的雙層床。儲物櫃很小，上船時只能攜帶相當有限的行李。

各種活動，不過由於鋪設的不是天然木材而是人工木材，因此就不再舉行過往的傳統活動之一，由實習生用椰子打磨甲板的打掃儀式了。

再往上1層可看到最前方的船長室。船長室分成辦公室、辦公室和寢室3個房間，辦公室寬敞程度如同一間小酒廊，據說在靠港時若需要招待上船的重要人士，或士官們需要開會都會使用這個房間。

再繼續往上是訓練船特有的實習船橋，此層的配置完全仿造最上層的航海船橋（掌舵室），可供實習生在此單獨操船（當然這時候的航海船橋裡會有航海士遠端監控實習生的狀況）。在實習船橋後方還有一個房間配備著操船模擬機，讓實習生可以在模擬機訓練與實際操船實習中反覆練習。

最上層的甲板就是真正開著船的航海船橋（掌舵室），搭載所有航海所需的設備與儀器。實習生有時會以約20人的規模進入這個房間，並在航海士的監督下進行航海訓練，因此跟普通商船相比寬敞很多。

為了培育下一代的水手，今天大成丸也將奔走於日本各地。

大成丸（第4代）

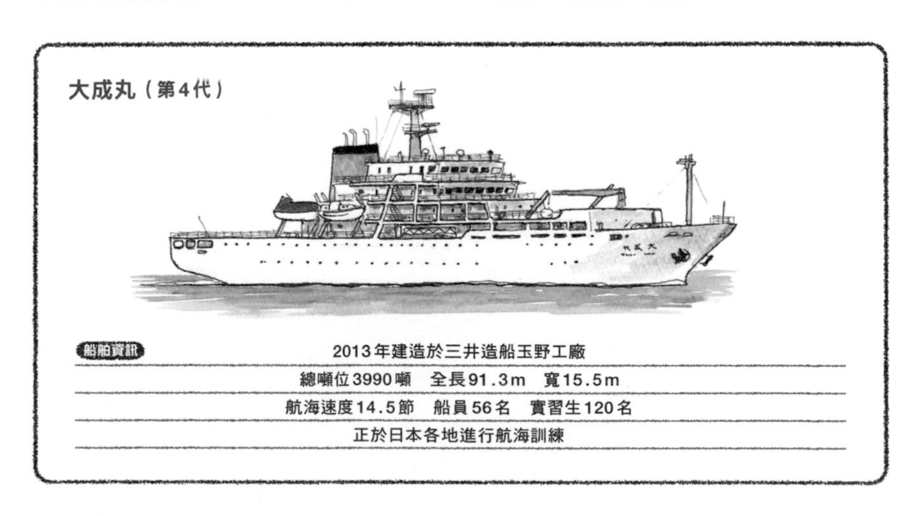

船舶資訊

2013年建造於三井造船玉野工廠

總噸位3990噸　全長91.3m　寬15.5m

航海速度14.5節　船員56名　實習生120名

正於日本各地進行航海訓練

獨立行政法人 海技教育機構

訓練帆船
海王丸（第2代）

一般人也能體驗開船樂趣的大型帆船

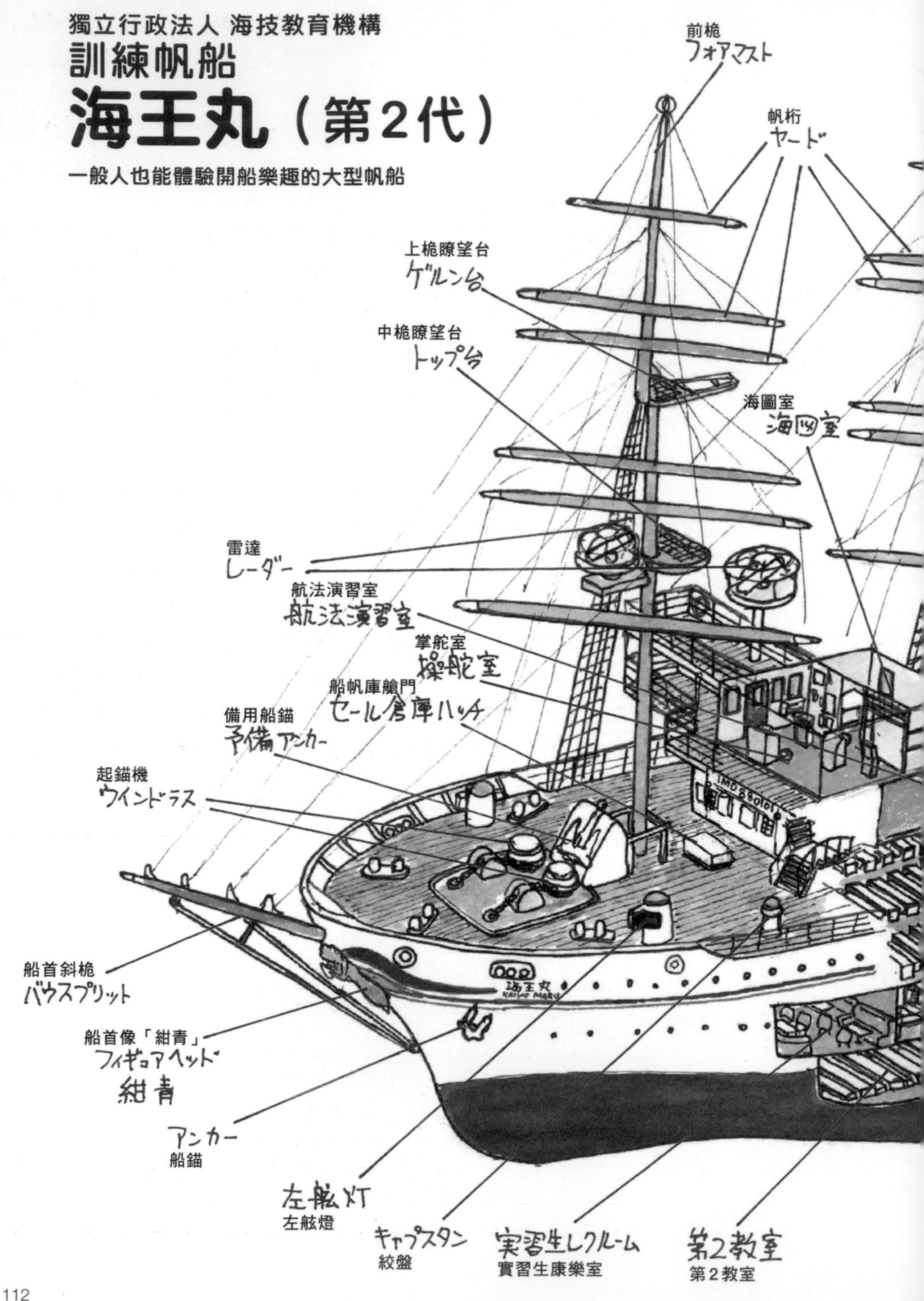

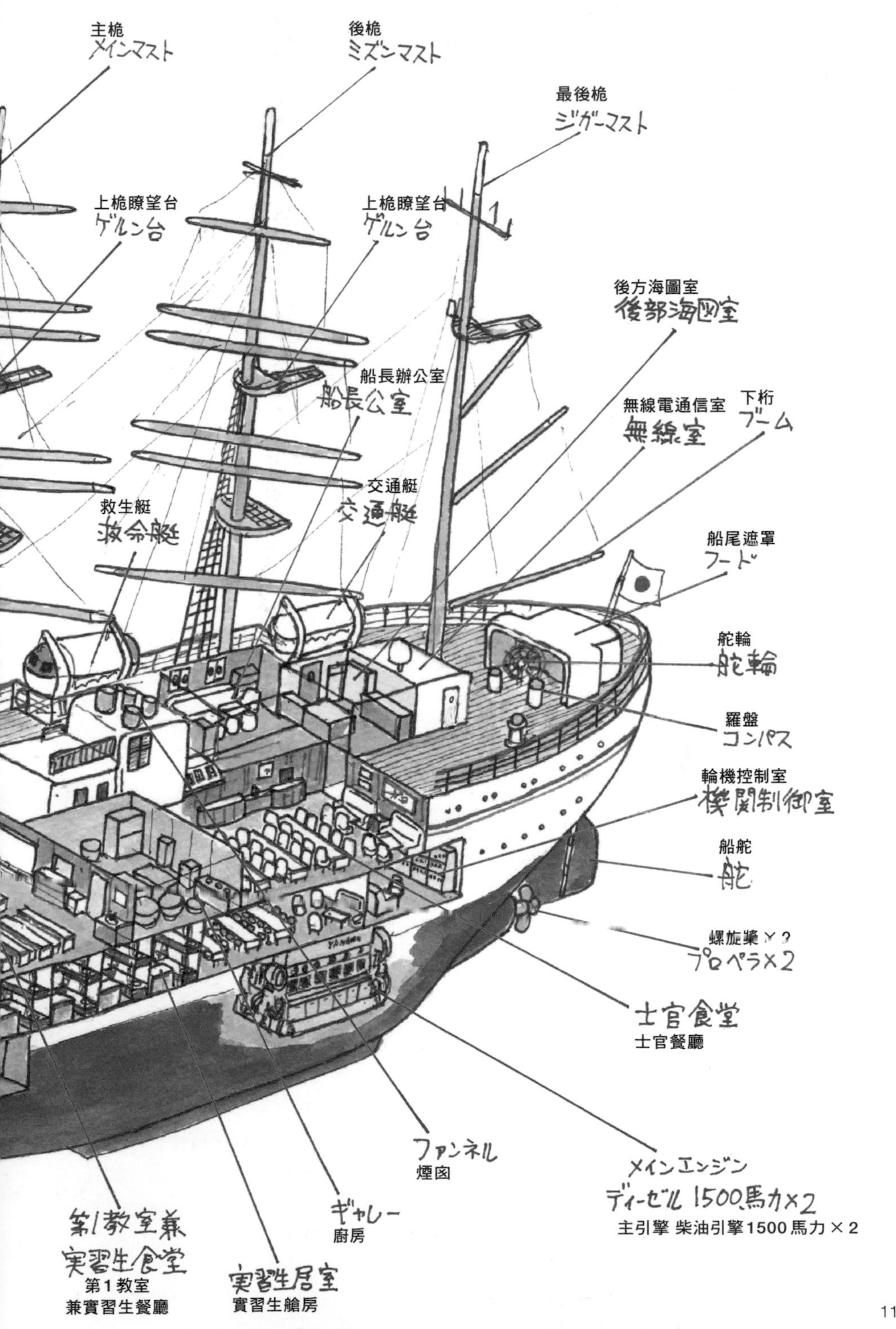
主桅
メインマスト
後桅
ミズンマスト
最後桅
ジガーマスト
上桅瞭望台
ゲルン台
上桅瞭望台
ゲルン台
後方海圖室
後部海図室
船長辦公室
船長公室
無線電通信室
無線室
下桁
ブーム
交通艇
交通艇
救生艇
救命艇
船尾遮罩
フード
舵輪
舵輪
羅盤
コンパス
輪機控制室
機関制御室
船舵
舵
螺旋槳×2
プロペラ×2
士官食堂
士官餐廳
ファンネル
煙囪
メインエンジン
ディーゼル 1500馬力×2
主引擎 柴油引擎1500馬力×2
ギャレー
廚房
第1教室兼
実習生食堂
第1教室
兼實習生餐廳
実習生居室
實習生艙房

比姊妹船日本丸更好的性能

從1930年（昭和5年）到1989年（平成元年），初代海王丸在長達59年的時間裡作為訓練用的帆船培養了無數的子弟；而在她退役後（姊妹船初代日本丸則是在1984年退役），過去曾存在於浦賀的住友重機械造船所建造的現代海王丸承接了她的工作。

先在同一間工廠建造的姊妹船，也就是現在的第二代日本丸與過去的姊妹們相同，都是國家以船員的教育訓練為目的所建造。然而這艘海王丸不同，是由現在的公益財團法人海技教育財團（當時的財團法人訓練船教育後援會）基於青少年的海洋教育以及普通市民的航海體驗等目的所建造，所收到的捐款也來自一般企業、個人與團體。至於船的經營與運用，則交給現在的海技教育機構（當時的航海訓練所）負責。

因此海王丸在船舶登記中最初其實是註冊為第一種船（從事國際航線的客船，不過2002年時變更為第三種船），不僅船上有旅客用的設備，現在也仍在各間學校航海訓練之間的空閒期，由海技教育財團舉辦可供一般市民參加的航海體驗課程以及海洋教室。

基本的船身構造以第一代為基礎，同樣是4桅Barque型帆船，而且因為建造時期晚於日本丸5年，所以活用了日本丸的經驗加強了船體性能。實際上海王丸的帆航能力頗為優秀，曾在2003年（平成15年）創下最大瞬間航速24.3節的紀錄。

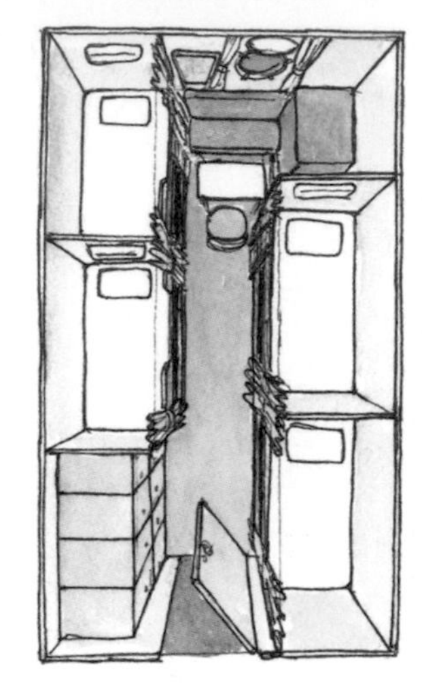

實習生艙房

與前一代相同主要都是8人房。雖然雙層床的長度跟寬度都有所提升，但走道的寬度卻反而變窄了。

跟日本丸的相異點

話說回來，日本丸與海王丸這對姊妹看起來頗為相像，但哪裡不一樣呢？首先是船身的條紋，海王丸為2條寬度不同的藍線，而日本丸則是1條顏色更深的深藍線。

不過這個辨識方法在遠處時沒有用——離太遠看起來都是1條線，深淺也看不出來。更好辨認的特徵其實是救生艇的顏色；海王丸是白色的救生艇，而且前後兩端的上半部是朱紅色的艙蓋，日本丸的救生艇則沒有艙蓋，整體呈現顏色較深的朱紅色。所以如果是白色船身加白色小艇就是海王丸，而若是白色船身加紅色小艇、遠看有點像日本國旗的就是日本丸。另外關於船首像，雖然兩艘都是女性的船首像，但差別在於海王丸的「紺青」手上拿著稱為能管的橫笛，而日本丸的「藍青」則有著一頭長髮並雙手合十。

順帶一提，這第二代海王丸的紺青並不是在建造時才製作並裝上去的，早在5年前建造日本丸時就與藍青一同製作好並裝到前一代海王丸上，後來交替時才移植到現在的海王丸上。

與前一代海王丸的比較

接下來是與前一代海王丸的比較。只要跟本書後面會提到的初代日本丸相比就可以看到，掌舵室前面的船樓甲板採用的是一種往下陷進去一層的井式甲板（這是前一代日本丸、海王丸姊妹船最顯眼的特徵），而這一代因為少了這種井式甲板，船樓甲板看起來寬敞很多。實際上長度確實是稍微加長到13m左右，但其實寬度僅僅多了90cm。

除此之外，前一代的船樓甲板中央矗立著一座巨大的朱紅色圓筒形煙囪，不過這一代則只是在船艙上方有2根排氣管稍微露出來而已，因此乍看之下煙囪消失了，外型看起來更像是一艘帆船。

進入船內後，可以看到最寬廣的第1教室兼餐廳不論在裝潢還是在大小上都跟前一代相像得驚人，我想是因為這樣的格局實在太好用才延續下來的吧。

實習生的房間也頗為相像，不過因為戰後學生體格較為健壯，所以雙層床也加大了長寬。房內還新增了儲物櫃，住起來更為舒適。船長室裡辦公室相當寬敞，家具也一應俱全，但寢室反而變小，原先天花板鑲有彩繪玻璃，桌椅相當豪華的士官會客室，在這一代也變成空間寬敞、桌椅及家具套組都很普通的士官用餐廳，令人感到時代差異。雖說相較於誕生在昭和初期的前一代，這一代的海王丸有相當程度的進步與改善，並成為一艘具有近代特徵的帆船，但怎麼說也有30年以上的船齡，姊姊日本丸更也是將近40年。

即使現在船身上有不少損傷，需要花費更多修補費用，可畢竟在這個時代想新建一艘帆船相當困難，所以希望在未來10年、20年，這對象徵日本帆船技術的姊妹船還是能繼續航行在大海上。

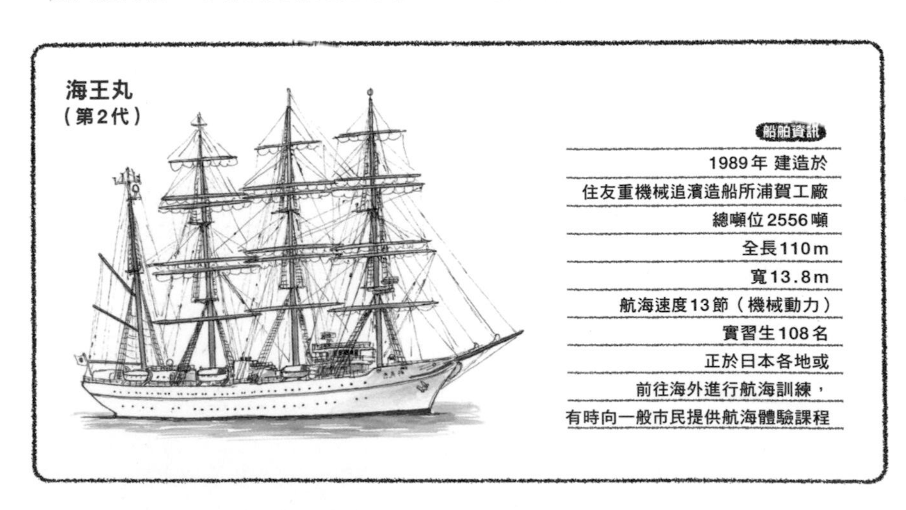

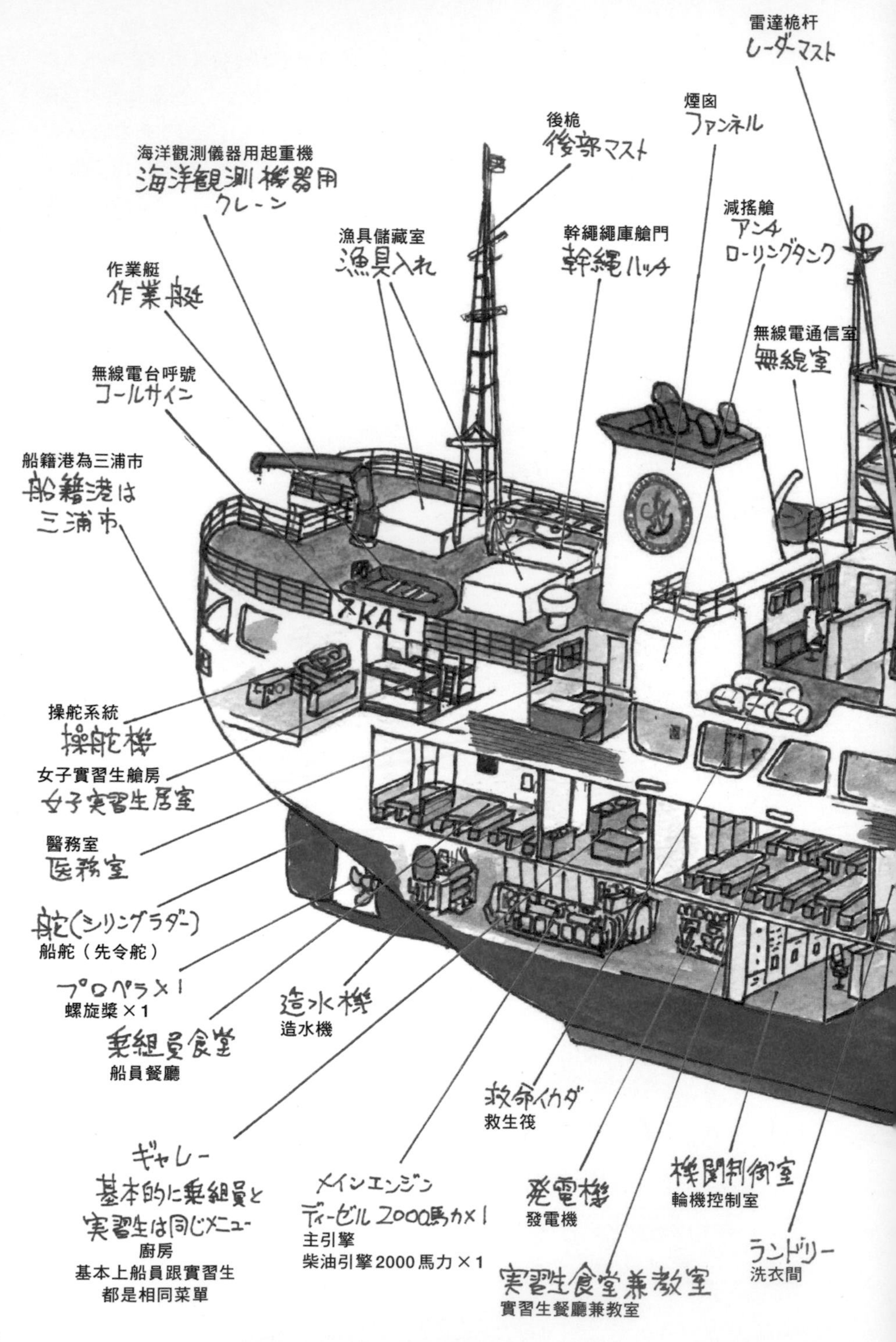
雷達桅杆
レーダーマスト
煙囱
ファンネル
後桅
後部マスト
海洋觀測儀器用起重機
海洋観測機器用
クレーン
減搖艙
アンチ
ローリングタンク
漁具儲藏室
漁具入れ
幹繩繩庫艙門
幹縄ハッチ
作業艇
作業艇
無線電通信室
無線室
無線電台呼號
コールサイン
船籍港為三浦市
船籍港は
三浦市
7KAT
操舵系統
操舵機
女子實習生艙房
女子実習生居室
醫務室
医務室
舵（シリングラダー）
船舵（先令舵）
プロペラ×1
螺旋槳×1
造水機
造水機
乗組員食堂
船員餐廳
救命イカダ
救生筏
ギャレー
基本的に乗組員と
実習生は同じメニュー
廚房
基本上船員跟實習生
都是相同菜單
メインエンジン
ディーゼル2000馬力×1
主引擎
柴油引擎2000馬力×1
発電機
發電機
機関制御室
輪機控制室
ランドリー
洗衣間
実習生食堂兼教室
實習生餐廳兼教室

神奈川縣立海洋科學高等學校

漁業訓練船

湘南丸（第5代）

在傳統漁業盛行的三浦半島進行訓練的
延繩釣漁業訓練船

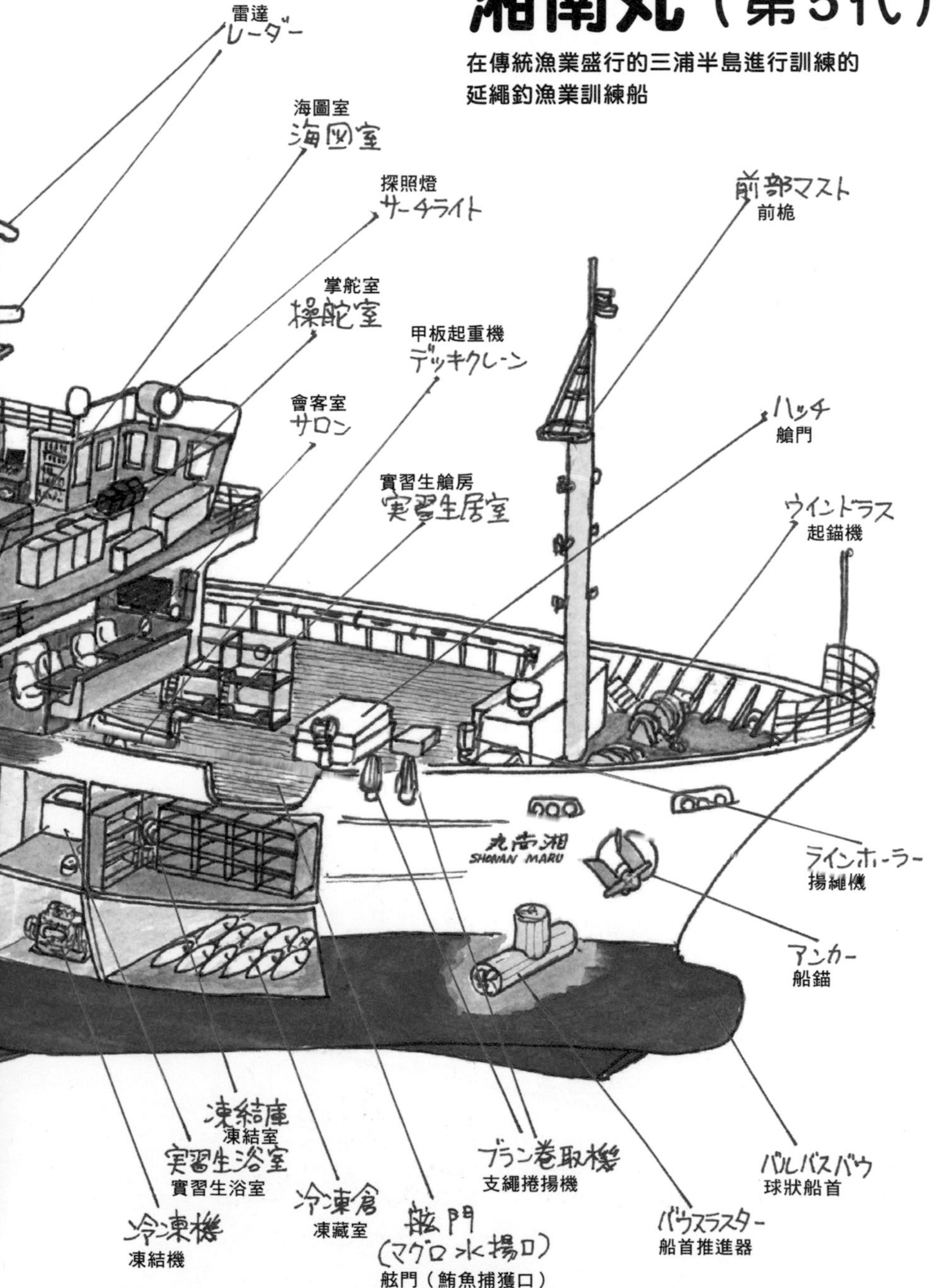

寫下80多年歷史的水產高中

日本四面環海，因此創立了許多學習水產知識、技術和航海術的水產高中（海事高中）；直到2021年（令和3年）的統計為止，共有27艘由高中管理的漁業訓練船。

在這些訓練船中，本書要介紹的是神奈川縣立海洋科學高等學校所擁有的第五代湘南丸（這所學校的訓練船第一代稱為神奈川丸，第二代為三浦丸因此實際上是第七代訓練船）。神奈川縣立海洋科學高等學校最初稱為神奈川縣立水產講習所，創校以來已有80多年的歷史。

教授優良傳統漁法的最新型漁船

神奈川縣三浦半島靠近南端的三崎港自古以來就是遠洋漁業繁盛的港城，捕撈上來的新鮮鮪魚料理遠近馳名。

而在三崎港幾乎正中央的花暮岸壁旁停泊著多艘漁船，湘南丸就是眾艘漁船之中比其他船大一圈，看起來又頗為優雅的那一艘。

在漁業訓練船中也分成鰹魚一本釣、拖網漁業、魷釣等專精各種不同漁法的船隻，而湘南丸是其中最常見的捕鮪訓練船。船身的基本構造類似捕鮪船，但因為要搭上55名學生，所以造型更接近客船，也比一般的捕鮪船巨大不少。

船內分成4層，最上層的航海船橋甲板上有掌舵室、海圖室、無線電通信室等航海所需的艙室。

為方便實習生進行航海訓練，掌舵室跟海圖室也比一般的船還要寬敞；無線電通信室則罕見地擺放著現代商船已經不用，不過遠洋漁船和自衛隊還在使用的摩斯電報機（本船呼號是7KAT）。

甲板後方配備著減搖艙，據說比前一代的大上許多，減搖效果更為突出。順便一提，同樣是防止搖晃的裝置，客船或渡輪喜歡採用的減搖鰭在漁船上並不常見，這是因為減搖鰭雖然能在航行途中發揮作用，但進行捕撈作業等停船的時候幾乎沒有效果。

往下一層是有登船口的船樓甲板，船首為進行延繩釣實習時的作業空間，並採用木質甲板減輕作業人員的負擔；甲板中央是船長以下其他船員的艙房，最後方則有延繩的投入口，這些配置與其他捕鮪船大同小異。

再往下一層的上甲板，其左舷一側有實習生的房間（6人房），而最後方的房間則是人數不多的女學生專用房（男女比例大概是9：1）。

甲板的右舷一側則是以中間的廚房為界，前面是實習生用的餐廳（也是實習

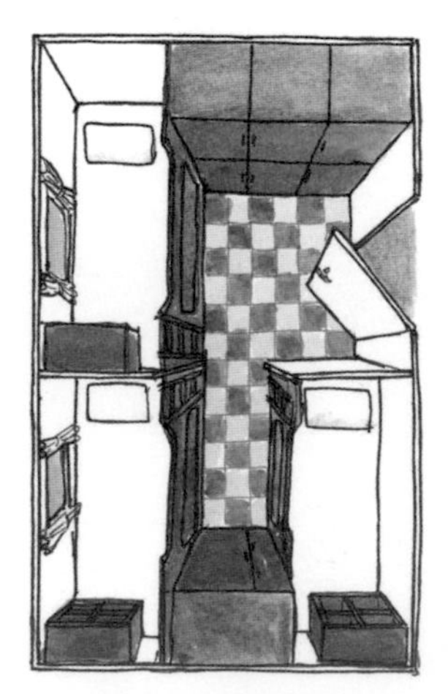

實習生艙房

為6人房並使用雙層床，每個人有各自的儲物櫃。誰睡在有窗戶的床會不會是6個人靠抽籤決定的呢？

生的教室），後面則是船員餐廳。不論是實習生還是船員，原則上供餐的菜色都是一樣的。

最下層的船倉甲板前半部是存放鮪魚的凍藏室，中間是船員們的艙房，最後面則是輪機室。輪機控制室為了實習生的學習，同樣有著寬敞的空間。

黑鮪延繩釣漁業與海洋調查

關於捕撈鮪魚，由於我已經在遠洋捕鮪船的第二十一磯前丸那一項詳細說明過了，這邊請容我割愛。湘南丸也同樣每年進行2次遠洋航海實習，並在實習期間各自完成25次左右的鮪延繩釣漁業訓練，以前甚至最遠還會停靠到夏威夷（隨著肺炎疫情擴大，2022年本書編成時已中止這項行程）。

然而僅在2020年（令和2年）11月到12月日本近海（說是近海也航行到數千公里之外的海上了……）的遠洋航海中，就做了12次延繩釣漁業訓練，並捕撈到大目鮪、黃鰭鮪、紅肉旗魚等10多種、總計接近10噸的漁獲，或許也多少為三浦市的經濟做出了貢獻。

除此之外她也具備著海洋調查船的功能，在後方甲板上有起重機用來投放稱為CTD採水器的海水測定儀，過去會有學生或JAMSTEC海洋研究開發機構的職員上船進行各種海洋調查。

有項很著名的事蹟是，在使用延繩進行的海洋生物調查中，前一代湘南丸曾於2016年（平成28年）在駿河灣海域的深海2000多公尺處發現新物種的巨大深海魚「橫綱沙丁魚」。

像這樣曾經有過光榮事蹟的湘南丸在更換為這艘新船後，據實習生所說乘船的舒適度大有提升，得到許多實習生的好評。雖然很多時候都在外進行航海實習，但回到母港的三崎港時，會停靠在深受觀光客歡迎的物產市場Urari Marche附近，從市場內能輕易看到她。各位去三崎品嚐鮪魚時不妨去看看她的風采，運氣好的話或許還能碰上她出入港的時間。

湘南丸（第5代）

船舶資訊

2019年由新潟造船建造

總噸位696噸（國際噸） 全長65.4m 寬10.1m

航海速度12節 實習生55名

從神奈川縣三浦市三崎港出發，用於延繩釣漁業訓練等用途

一般社團法人
GLOBAL人才育成推進機構

小型帆船 前進未來

一般市民也能輕易搭船，可做帆航訓練的小型帆船

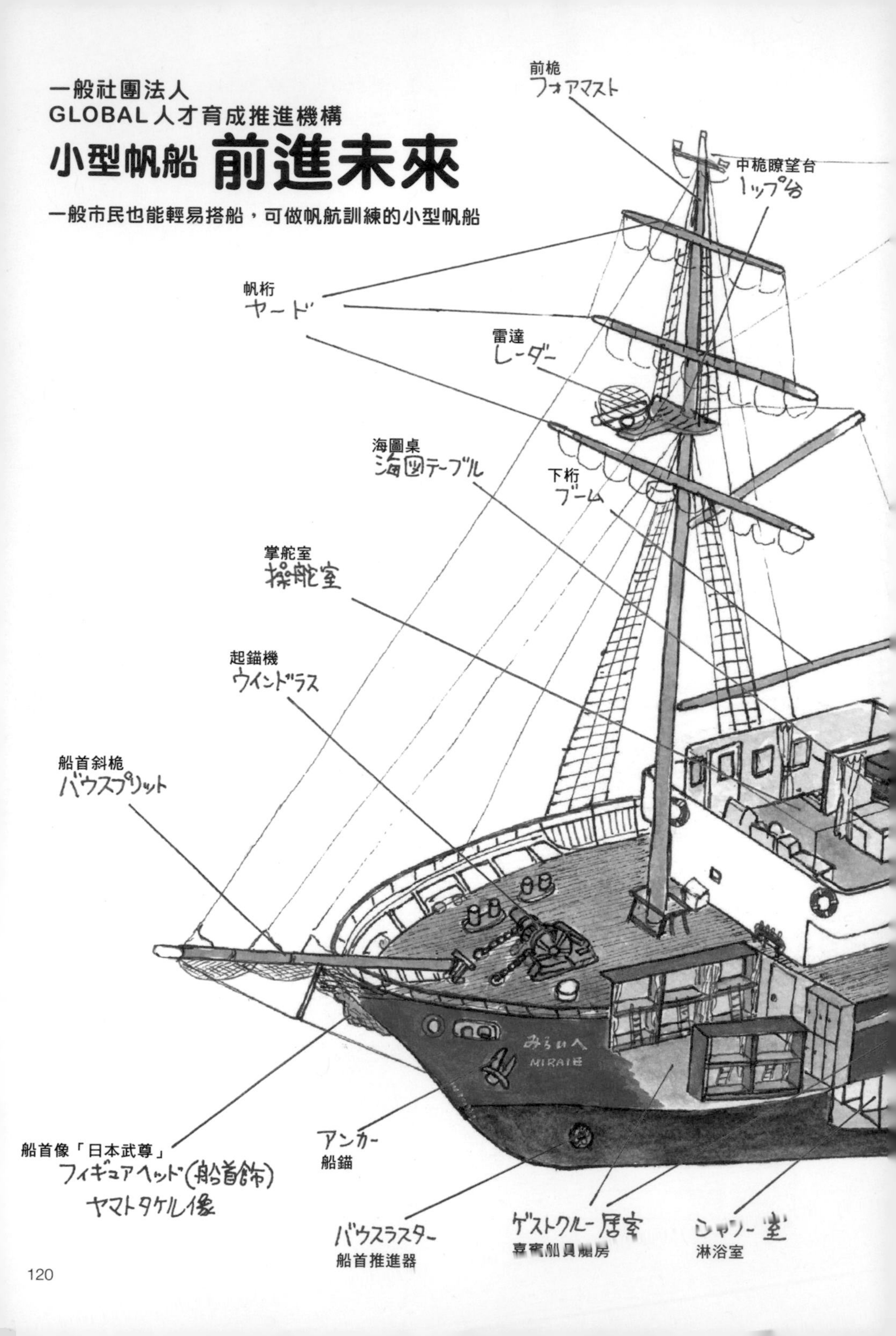

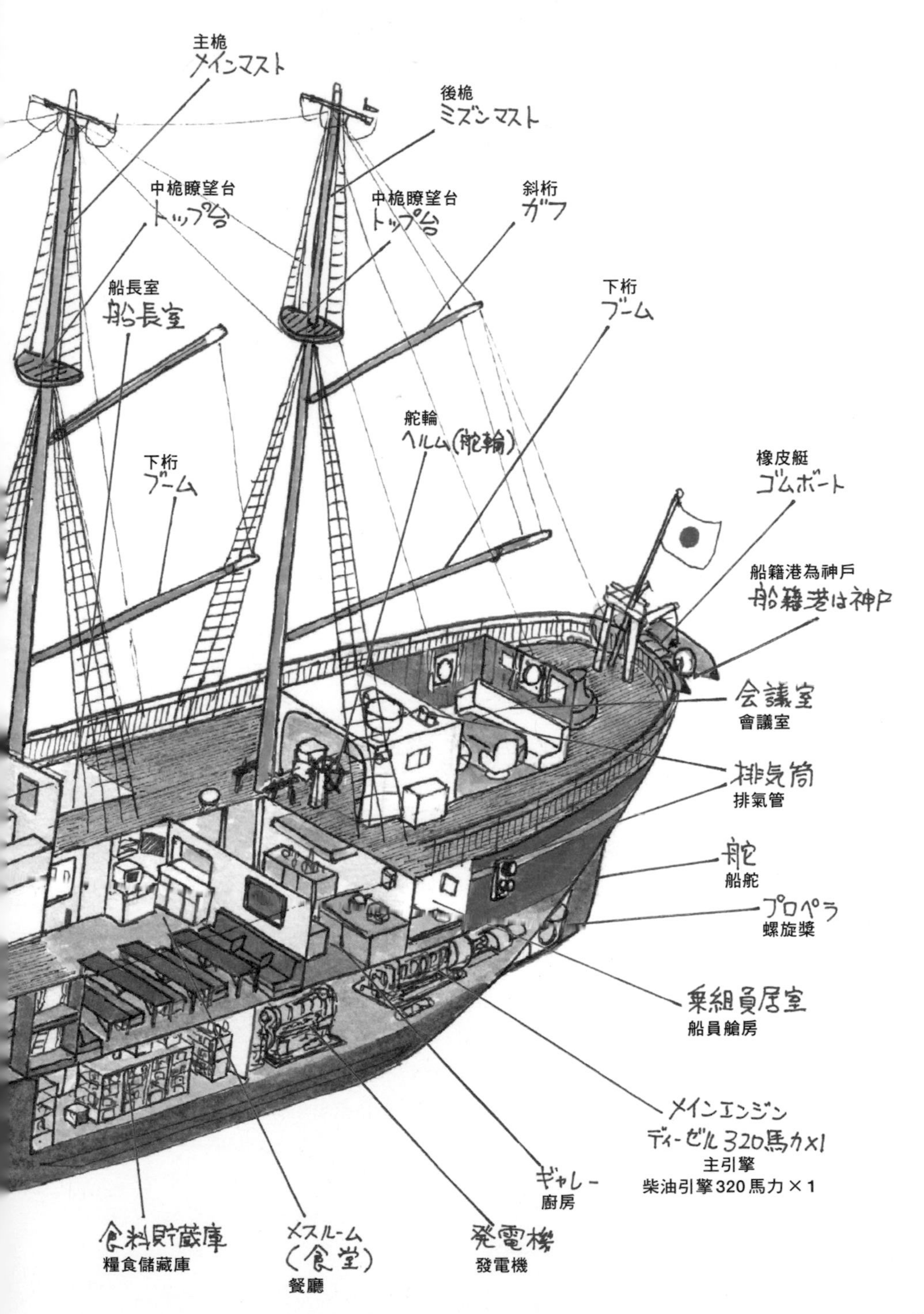
主桅
メインマスト
後桅
ミズンマスト
中桅瞭望台
トップ台
中桅瞭望台
トップ台
斜桁
ガフ
船長室
船長室
下桁
ブーム
舵輪
ヘルム(舵輪)
下桁
ブーム
橡皮艇
ゴムボート
船籍港為神戸
船籍港は神戸
会議室
會議室
排気筒
排氣管
舵
船舵
プロペラ
螺旋槳
乗組員居室
船員艙房
メインエンジン
ディーゼル320馬力×1
主引擎
柴油引擎320馬力×1
ギャレー
廚房
食料貯蔵庫
糧食儲藏庫
メスルーム
(食堂)
餐廳
発電機
發電機

從對海的嚮往，到前往海的未來

1983年（昭和58年），在日本最早舉辦的帆船遊行慶典「大阪帆船祭」中，大阪灣集結了來自國內外10艘以上的帆船；慶典的成功讓一般市民對帆船訓練的興趣越來越高漲，建造帆船的時代潮流逐漸到來。面對這樣的趨勢，1993年（平成5年）帆船祭舉辦地的大阪市向曾經製造訓練帆船日本丸及海王丸、擁有帆船製造經驗的住友重機械工業浦賀造船所委託建造新的帆船，並取名為「嚮往」，也就是現在的帆船「前進未來」的前身。

嚮往平時將大阪南港的ATC O's岸壁當作母港，並提供當日來回以及住宿1晚～3晚，甚至包含長期航海的各種帆船航行訓練課程。在課程之間的空閒期，則會前往國內外舉辦的帆船祭參加各種活動，或當作帆船比賽的接待船使用。2000年（平成12年）時，嚮往還成為第一艘航行世界一周的日本帆船。

但就在2012年（平成24年），大阪市因財政問題決定中止嚮往的經營，並在短暫繫留於港內後，隔年轉手給了民間。2014年（平成26年）時，船身顏色塗改為深藍色，船名也改成前進未來，以神戶港為基地前往日本各地進行帆船航行訓練直到今天。

不是乘客而是「嘉賓船員」

前進未來主要提供的是企業、學校和其他團體的航海研修訓練，不過也舉辦很多以一般市民為對象的航海體驗課程；雖然母港是神戶港，但會從日本全國各個港口出發航行，比如她每年都會多次前來關東地區的橫濱港Pukari棧橋或千葉的千葉港旅客船棧橋。每次來航只要有機會我就會盡可能搭乘，不知不覺間即使都是當天來回，但我的乘船經驗也已經超過10次以上了，實在是很令人開心的行程。

她的帆船航行體驗在付錢乘船這個層面上來講跟普通的客船沒什麼兩樣，可畢竟不是搭郵輪玩樂而是航海體驗，一旦上了船乘客就不再是乘客，而是會被稱為「嘉賓船員」，換句話說就是當成一名船員來看待，這是跟其他客船最大的不同。住宿當然也全都是上下舖的多人房，並沒有個人房。

出港後首先所有人會集合在上甲板，接受怎麼在船上生活的說明，接著所有人必須聽從指示合力進行張帆作業。

隨著「Two six heave！」的吆喝聲，不論是小學生、主婦、大公司老闆還是飛特族，不論在陸地上是什麼立場和年齡，此時此刻都沒有意義，大家都要一起流汗拉動繩索，直到將白皙的船帆迎風張開；在人群響起的歡呼聲中，船傾向與風相反的方向並不斷加速。這麼美好的經驗，在整個人生中也是很少見的。

到了用餐時段會與船員在同一間餐廳（餐廳兼講課室）用餐，天氣好的時候也可以把餐點帶上甲板，然後大家坐成一圈一邊聊天一邊享用。

另外由於是當作船員看待，乘船的人也可以自由進出掌舵室，並在船長和航海士的指導下學習操舵，或是聽聽他們波瀾壯闊的海上經歷。

船上最特別的當屬走到船首前端的斜桅上挑戰平衡感的「船首斜桅平衡木」，以及往上攀登到桅杆中段瞭望台的「桅杆攀登」（僅提供給含住宿的行程），這些都是只有在帆船上才能體驗到的特殊活動。從航行中的船上高處迎著風眺望整個大海是相當爽快的。當然，由於參加者必須穿著安全吊帶，並在每次移動時都將鉤環扣到附近的繩索上，因此沒有什麼危險性（但有懼高症的人我想還是不要參加了）。

除了活動外，還會在甲板上或餐廳裡舉辦航海或結繩術講座等跟船隻、航海有關的各種文化課程，待在船上絕對不會無聊；選擇不參加這些課程，只是站在天然木材的甲板上吹吹海風、悠閒讀書甚至睡午覺也都是乘客們的自由。

雖然我沒有參加過的經驗，但據說在含住宿的行程中，早上還要到甲板撒上沙子，然後用剖成一半的椰子打磨柚木製地板來清潔甲板。這的確能感受到航海訓練船上實習生們的生活。

會議室

位在上甲板後方舵輪的更後面，嘉賓船員禁止進入的神秘房間。我去採訪時對方特別讓我進去，不過裡面只是一間很漂亮的普通房間。

以上活動是當天來回和兩天一夜的短期帆船體驗行程，整體感覺較為輕鬆，但其實還有三天兩夜以上稱為航行挑戰的行程，其中包含更為正式的操船訓練，非常適合想在更嚴苛的環境裡鍛鍊自己的人。至於我的話……還是算了，真是抱歉……。

前進木米

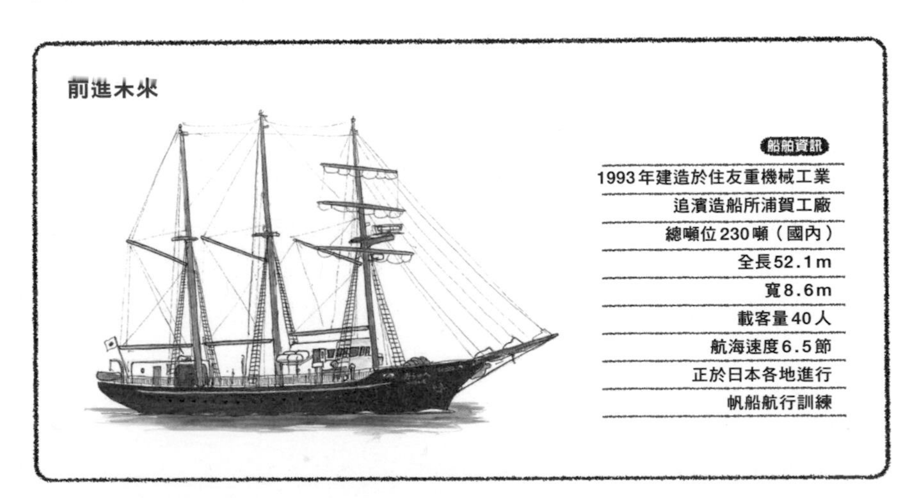

船舶資訊

1993年建造於住友重機械工業
追濱造船所浦賀工廠
總噸位230噸（國內）
全長52.1m
寬8.6m
載客量40人
航海速度6.5節
正於日本各地進行
帆船航行訓練

滋賀縣立琵琶湖浮動學校

學習船 海之子（第2代）

日本唯一限定小學生的住宿體驗型航海學習船

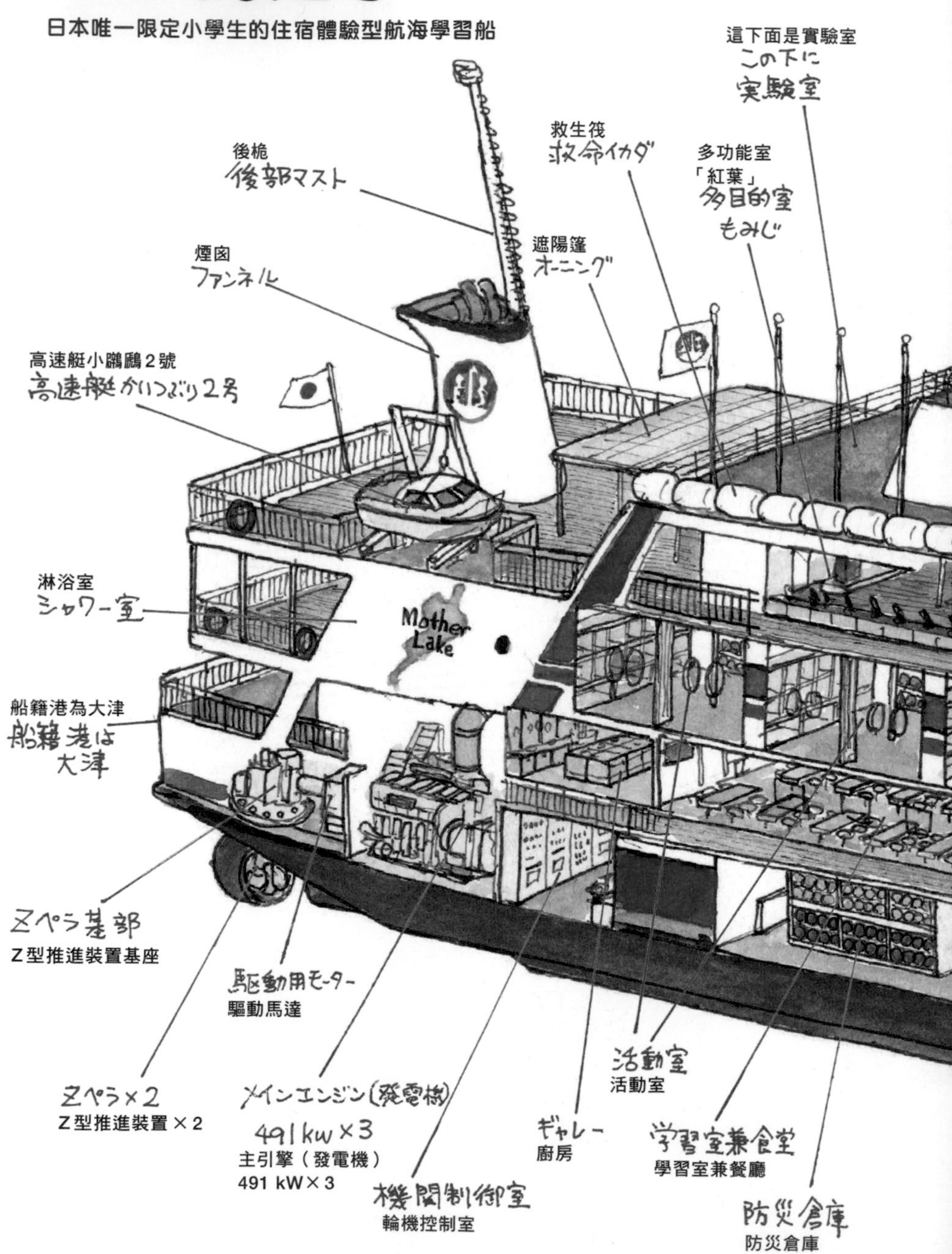

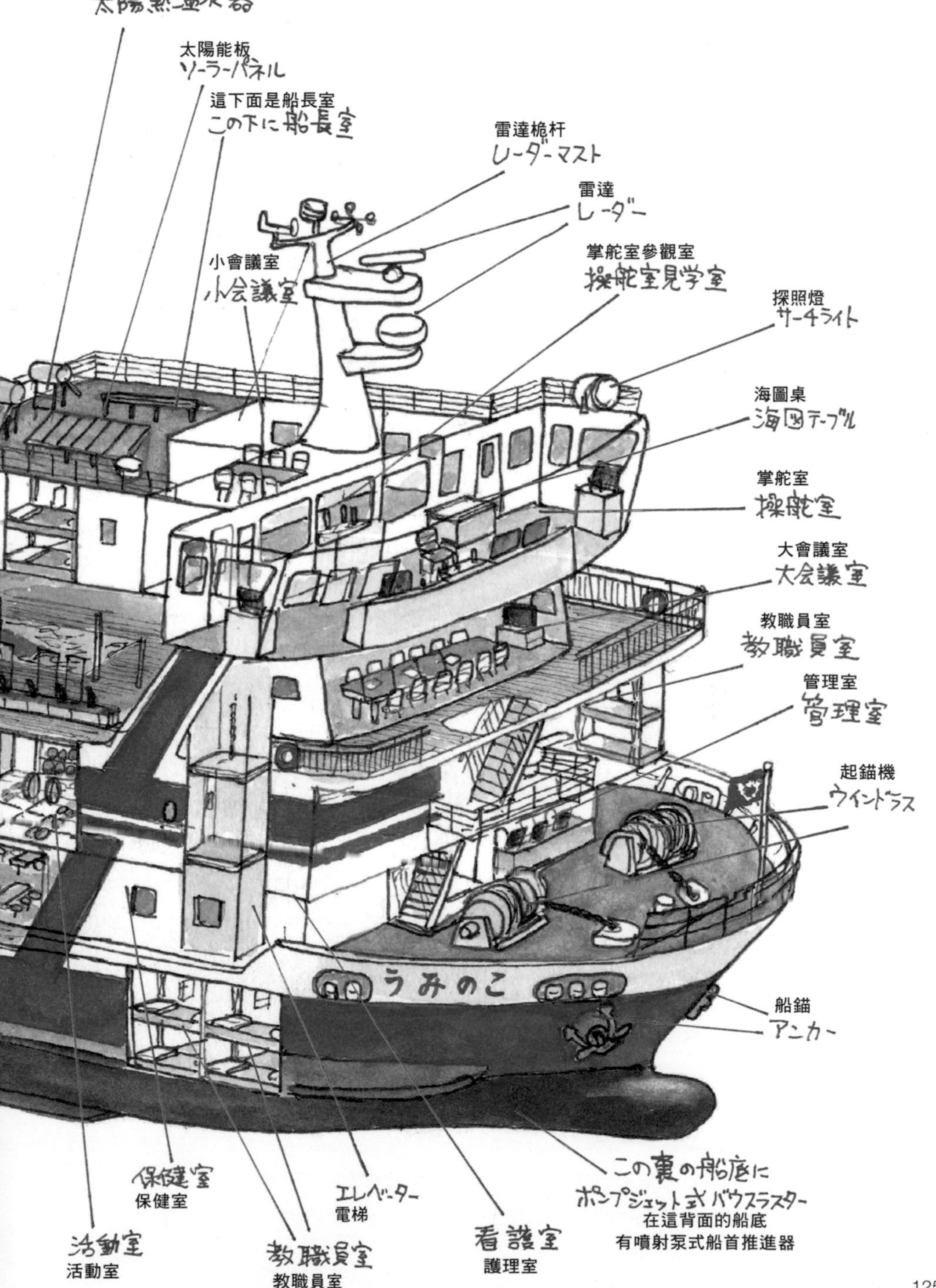

太陽能熱水器
太陽熱温水器
太陽能板
ソーラーパネル
這下面是船長室
この下に船長室
雷達桅杆
レーダーマスト
雷達
レーダー
小會議室
小会議室
掌舵室參觀室
操舵室見学室
探照燈
サーチライト
海圖桌
海図テーブル
掌舵室
操舵室
大會議室
大会議室
教職員室
教職員室
管理室
管理室
起錨機
ウインドラス
うみのこ
船錨
アンカー
この裏の船底に
ポンプジェット式バウスラスター
在這背面的船底
有噴射泵式船首推進器
保健室
保健室
エレベーター
電梯
看護室
護理室
活動室
活動室
教職員室
教職員室

尺寸比前一代更大的新船

佔滋賀縣面積6分之1的日本最大湖泊琵琶湖，自古以來便有繁榮的水運；即使滋賀縣是不靠海的內陸縣，但縣民卻有很多機會親近船隻，也將船視為珍貴的財產。

1983年（昭和58年），第一代學習船「海之子」竣工，這為縣內的小學生提供機會能夠親近琵琶湖，並一同上船體驗團體生活、學習知識。

從這時算起的35年以來，有超過50萬名縣內的5年級小學生乘船周遊琵琶湖的任何一個角落，直到2018年（平成30年）將工作交給了新建造的第二代海之子。

新的海之子跟前一代相比雖然長寬都沒什麼變，但從前一代的4甲板構造改成5甲板構造，吃水也從1m變深成為1.5m，因此總噸位由原來的928噸大幅增加至1355噸。使用3台發電用柴油引擎的電力推進系統也是她的一大特徵。

180位小朋友在此住宿並學習

跟前一代相同，為了在琵琶湖沿岸各地的狹小漁港（離想要乘船的小學最近的港口）能夠更輕易地離岸跟靠岸，海之子採用全方位旋轉式的Z型推進裝置，憑藉最上層4樓掌舵室中的數根操舵拉桿就能自由地控制船體。

掌舵室後方有裝設玻璃的參觀室，乘船的小學生可以仔細觀察船員操舵開船的樣子，也能在參觀室裡看見從前一代移植過來包含操舵拉桿在內的一系列控

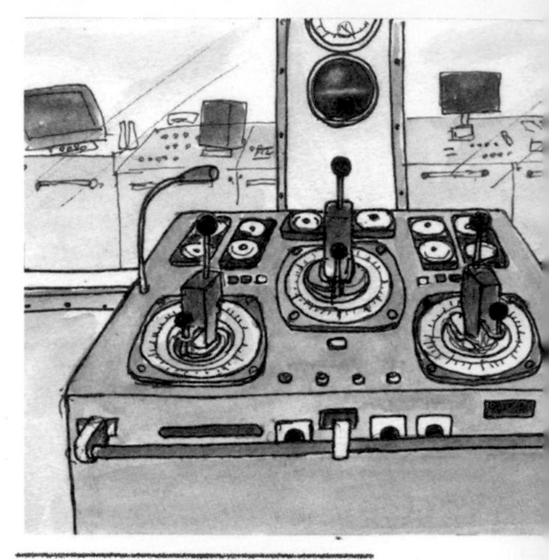

掌舵室參觀室的學習用操舵控制台

這是移植自第一代海之子掌舵室的真實控制台。雖然可以觸摸或操作，不過當然不能真的操縱船。

制面板。

因為講到船的操控這件事通常都給人手握著舵輪轉來轉去的印象，所以小朋友一開始都會對沒什麼機會看到的拉桿等設備感到驚訝，不過在說明可以360度旋轉並配有柯特噴嘴的Z型推進裝置時，他們也會興致盎然地聆聽。

下面的3樓有一間空間相當寬敞的多功能室，學校會在此舉辦開學典禮或開朝會，又或是一些康樂活動（比如校際拔河等等）。室內兩側設有顯微鏡以便觀察生存在琵琶湖中的多種浮游生物。

多功能室裡也足夠寬敞到能在中央鋪設一張攝有滋賀縣全境衛星照片的大墊子，小朋友可以走到墊子上並同時學習相關地理知識。

順帶一提這個房間鋪設著拋光後的晶亮木質地板，而包含這裡之外的其他如兒童往來行走的甲板，或各艙室的桌椅

等等，據說使用的都是當地滋賀縣產的木材。

航海學習的行程通常是兩天一夜（採訪時因為疫情的緣故已變更為當天來回的行程），夜晚小朋友們需要自己鋪被子睡在2樓被稱為活動式的房間，看起來頗像渡輪上的二等和室。船上沒有大浴場，必須輪流到同一層甲板後方的淋浴間洗澡。

再往下來到1樓，有可以當作課堂學習的教室來使用的寬敞餐廳，這裡的裝潢和佈置很像訓練船。

順便一提，這裡午餐時所提供的豬排咖哩是大受好評、名聞遐邇的「湖之子咖哩」，據說前一陣子在縣內的便利商店還做過限定販售，結果成了超熱銷商品……想來應該是非常好吃吧，我實在也想吃吃看。

最下層甲板靠近吃水線，船身前方是帶隊的教職員們的艙房。中央部分是開闊的防災倉庫，設計用來在災難發生時收容與搬運傷者，並向災區輸送物資。

從父母到孩子，再到孫子……不斷傳承下去的船旅樂趣

在海之子的航行中會進行多樣的學習活動，比如用船上的顯微鏡或水下攝影機等設備觀察湖中動植物並調查水質，或前往分布於湖中的各個小島上岸參觀或欣賞湖面景緻，小朋友能在這個過程裡學習集團生活的規則及樂趣。聽說也有很多孩子經由這次體驗而將成為海上的水手當成人生志向。

話說回來，我國日本是個被大海環繞的島國，大多數的都道府縣都鄰近海洋，然而唯一擁有船舶並教導孩子航海樂趣及重要性的，竟然是8個內陸縣之一的滋賀縣，我覺得這實在是諷刺又可悲的事。

我打從心裡希望海之子可以載著父母、孩子乃至孫子，橫跨3代繼續傳承船舶與航海的知識與經驗，並衷心期盼未來日本各地會陸續登場像這樣乘載著人們心意的美麗船隻。

海之子（第2代）

船舶資訊

2018年建造於中谷造船所琵琶湖工廠（李兵衛造船所）

總噸位1355噸　全長65m　寬12m

航海速度8～9節　旅客（兒童）人數住宿180人

以滋賀縣內的小學生為對象提供琵琶湖的航海學習體驗課程

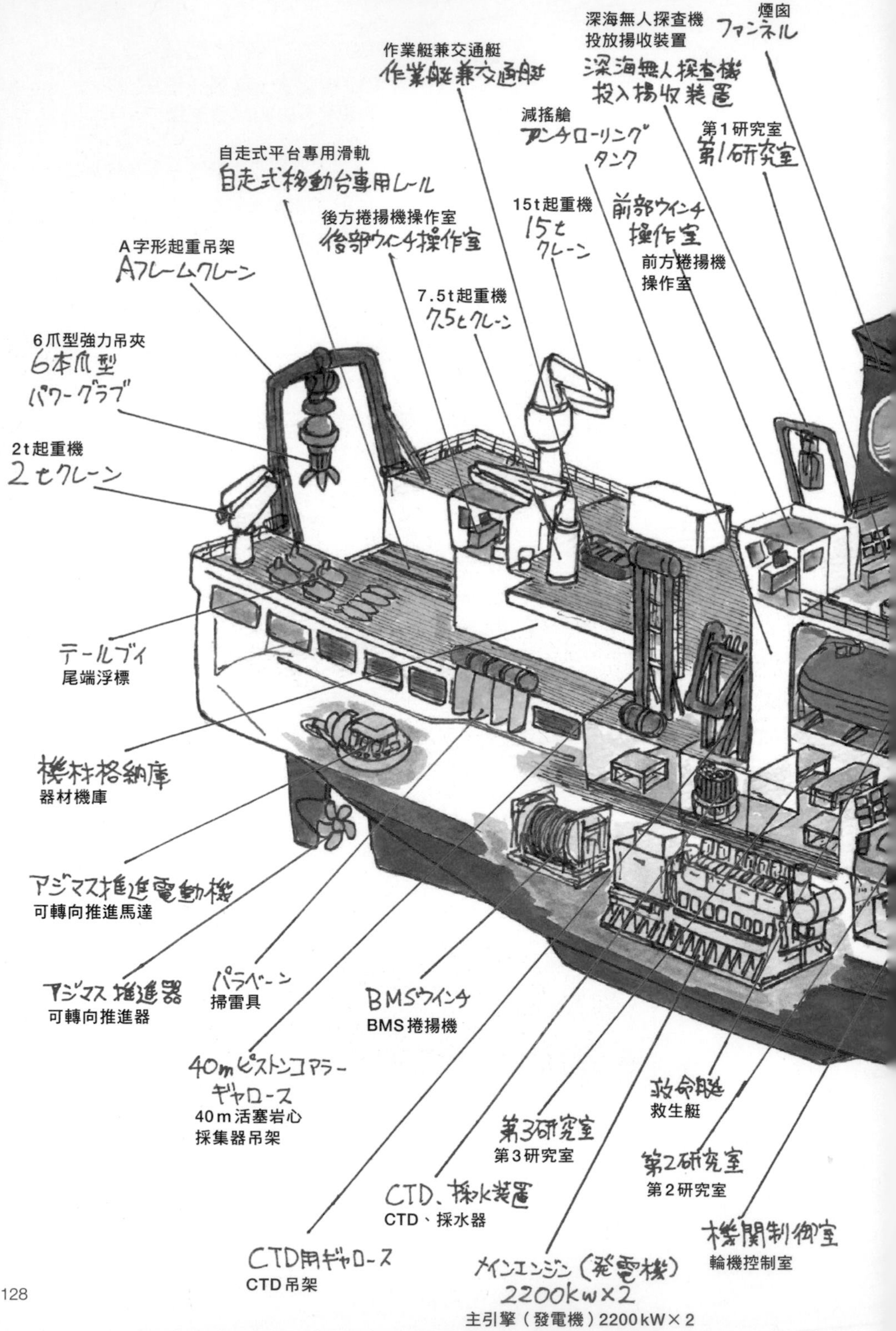

煙囪
ファンネル

深海無人探查機
投放揚收裝置
深海無人探査機
投入揚収装置

作業艇兼交通艇
作業艇兼交通艇

減搖艙
アンチローリング
タンク

第1研究室
第1研究室

自走式平台專用滑軌
自走式移動台専用レール

15t起重機
15t
クレーン

前部ウインチ
操作室
前方捲揚機
操作室

後方捲揚機操作室
後部ウインチ操作室

A字形起重吊架
Aフレームクレーン

7.5t起重機
7.5tクレーン

6爪型強力吊夾
6本爪型
パワーグラブ

2t起重機
2tクレーン

テールブイ
尾端浮標

機材格納庫
器材機庫

アジマス推進電動機
可轉向推進馬達

アジマス推進器
可轉向推進器

パラベーン
掃雷具

BMSウインチ
BMS捲揚機

40mピストンコアラー
ギャロース
40m活塞岩心
採集器吊架

救命艇
救生艇

第3研究室
第3研究室

第2研究室
第2研究室

CTD、採水装置
CTD、採水器

機関制御室
輪機控制室

CTD用ギャロース
CTD吊架

メインエンジン（発電機）
2200kW×2
主引擎（發電機）2200kW×2

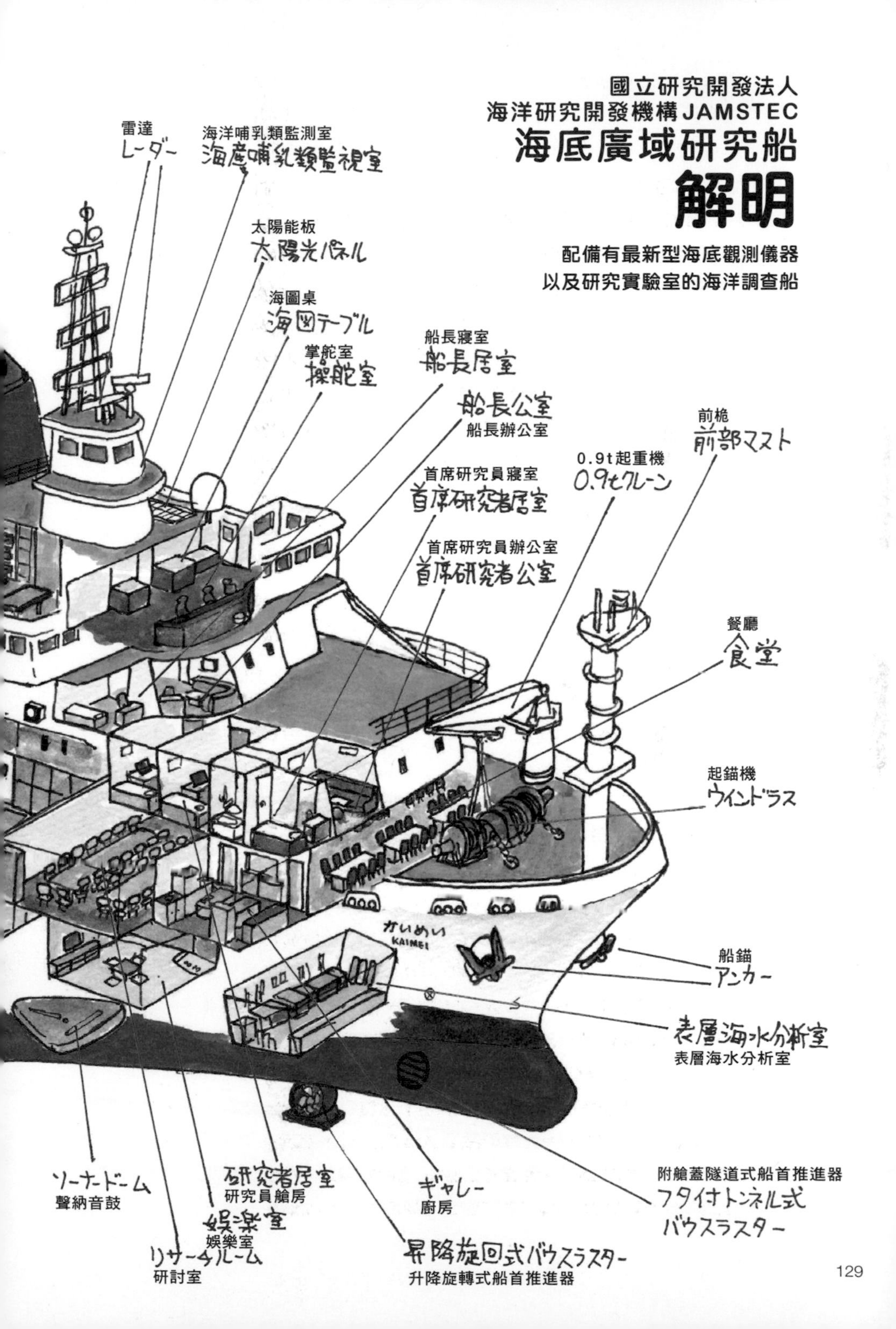

國立研究開發法人
海洋研究開發機構 JAMSTEC
海底廣域研究船
解明
配備有最新型海底觀測儀器
以及研究實驗室的海洋調查船
雷達
レーダー
海洋哺乳類監測室
海産哺乳類監視室
太陽能板
太陽光パネル
海圖桌
海図テーブル
掌舵室
操舵室
船長寢室
船長居室
船長公室
船長辦公室
前桅
前部マスト
0.9t起重機
0.9tクレーン
首席研究員寢室
首席研究者居室
首席研究員辦公室
首席研究者公室
餐廳
食堂
起錨機
ウインドラス
かいめい
KAIMEI
船錨
アンカー
表層海水分析室
表層海水分析室
ソーナードーム
聲納音鼓
研究者居室
研究員艙房
娯楽室
娛樂室
リサーチルーム
研討室
ギャレー
廚房
昇降旋回式バウスラスター
升降旋轉式船首推進器
附艙蓋隧道式船首推進器
フタ付トンネル式
バウスラスター

海洋調查的菁英

四面環海的日本在其廣闊專屬經濟區底下的海底，沉睡著豐富的自然資源。與此同時，日本四周海洋底下的地底深處同時也是太平洋板塊等4個板塊複雜交錯的邊界，使日本成為大規模地震的溫床。

為了調查與研究日本周圍這利益與危險並存的海洋，各式各樣的研究機構旗下都有自己的海洋調查船，並做出了許多令人驚嘆的貢獻。

這裡將介紹的「解明」，便是擁有多艘海洋調查船的國立研究開發法人海洋研究開發機構（通稱JAMSTEC）旗下最新銳的調查船。

她是為了代替JAMSTEC最早的調查船「夏島」與「海洋」而在2016年（平成28年）完成的新船，船上配備了像是夾娃娃機吊爪的2種強力吊夾、深海無人探查機（KM-ROV）、CTD與採水器、40m活塞岩心採集器等等用來調查地殼構造與海底資源的各種觀測儀器。按JAMSTEC人員的說法，船上簡直就像「海洋調查器材的百貨公司」。

也不忘關懷海洋生物的生態

以偏移到船身左舷的煙囪為中心，前半部是船員及研究員的居住設施，3間研究室也都集中在此；後半部是存放與使用觀測儀器以及相關設備的空間。

前半部最具特色的，應該要算位於掌舵室正上方雷達桅杆上的海洋哺乳類監測室。我原本以為這個像是小觀景室的房間是用來觀察及研究鯨魚、海豚等海洋動物的，但其實並非如此；對海底下的地層進行探勘時，船後會拖曳一種稱為地震氣槍的裝備，地震氣槍會發出極為響亮的聲波，這時就可以用觀測儀器接收反射回來的聲波並建構探勘資料，但由於這種聲波會危害海洋中的動物，因此才設立了監測室確認船的附近有沒有這些動物，以免調查時傷及無辜。

掌舵室的正後方是船內最重要的第1研究室。此處與掌舵室用一扇門連接，研究員在使用上述這類水下聲波儀器時會密切聯繫船長。

從這一層往下便是橫跨5層的船員艙房以及38名研究員的寢室，另外還有研究室和會議室等等。不過在這之中我最有興趣的不是哪間研究室，而是位在第2甲板中央的娛樂室。

進入這個房間需要脫鞋子，看起來像是渡輪的2等地毯和室；船員跟研究員都會在這裡玩遊戲或躺下休息，能在此盡情放鬆……在漫長的研究行程中，像這樣的設施能夠緩解平時工作的緊張與壓力。

除此之外A甲板前方的餐廳也有寬敞的空間，船員跟研究員都能使用。

船身後半部稱為後方作業甲板，由上下2層開闊的木質甲板構成，並緊密設置著各種大小的起重機和捲揚機。

中央部分有寬廣的2層挑高機庫，並有2組軌道向外延伸至船尾的巨大A字形起重吊架。研究員會將各類觀測儀器放到電動自走式的平台上移動到船外，再從船尾投入海中。

最適合海底調查的電力推進系統

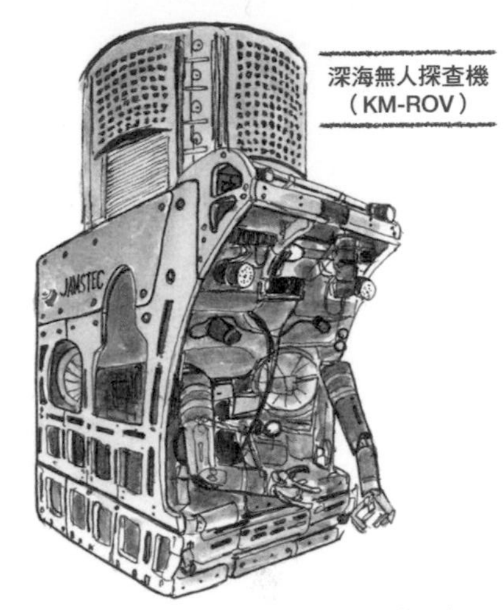

解明上搭載的探查機，可以前往深度3000m的深海進行調查。除了能在深海進行攝影，也能採集礦物資源和深海的生物。

船身中央下方的輪機室擺放著大小不一的4組柴油發電機，讓2座推進馬達能夠驅動可轉向推進器。之所以採用這樣的電力推進系統主要是為了將振動與噪音減至最低，避免影響水下聲波儀器的使用。

除此之外，靠近船首的船底還配備了1座可以收納的可轉向船首推進器，以及1座普通的船首推進器。透過掌舵室的操作，調查船的船身能夠360度自由轉向任何一個方位，並在觀測時藉由動態定位系統將船身固定在誤差10公分內的定點上。

其配備的普通船首推進器也為了不影響船底的聲納（聲波測深儀）運作，而使用4片板子當作其推進器的艙蓋，必要時再打開艙蓋使用即可，可說是相當有趣的設計。

JAMSTEC旗下還有配備巨大鑽柱的地球深部探查船「地球」，或是載人潛水調查船「深海6500」及其母船「橫須賀」等等，這些類型不一的海洋調查船從世界各地帶來了珍貴的資料。目前JAMSTEC也正推動一項名為北極域研究船的破冰船建造計畫，預計於2026年（令和8年）完成。我非常期待這艘新船下水的那一天。

船舶資訊

2016年建造於三菱重工業下關造船所

總噸位5747噸　全長100.5m　寬20.5m

航海速度12節　船員27名　研究員38名

在日本周邊海域進行海洋與海底的資源調查

第4章

觀賞的船

日本郵船冰川丸

客貨船 冰川丸

日本從二戰前唯一留存至今的遠洋定期船

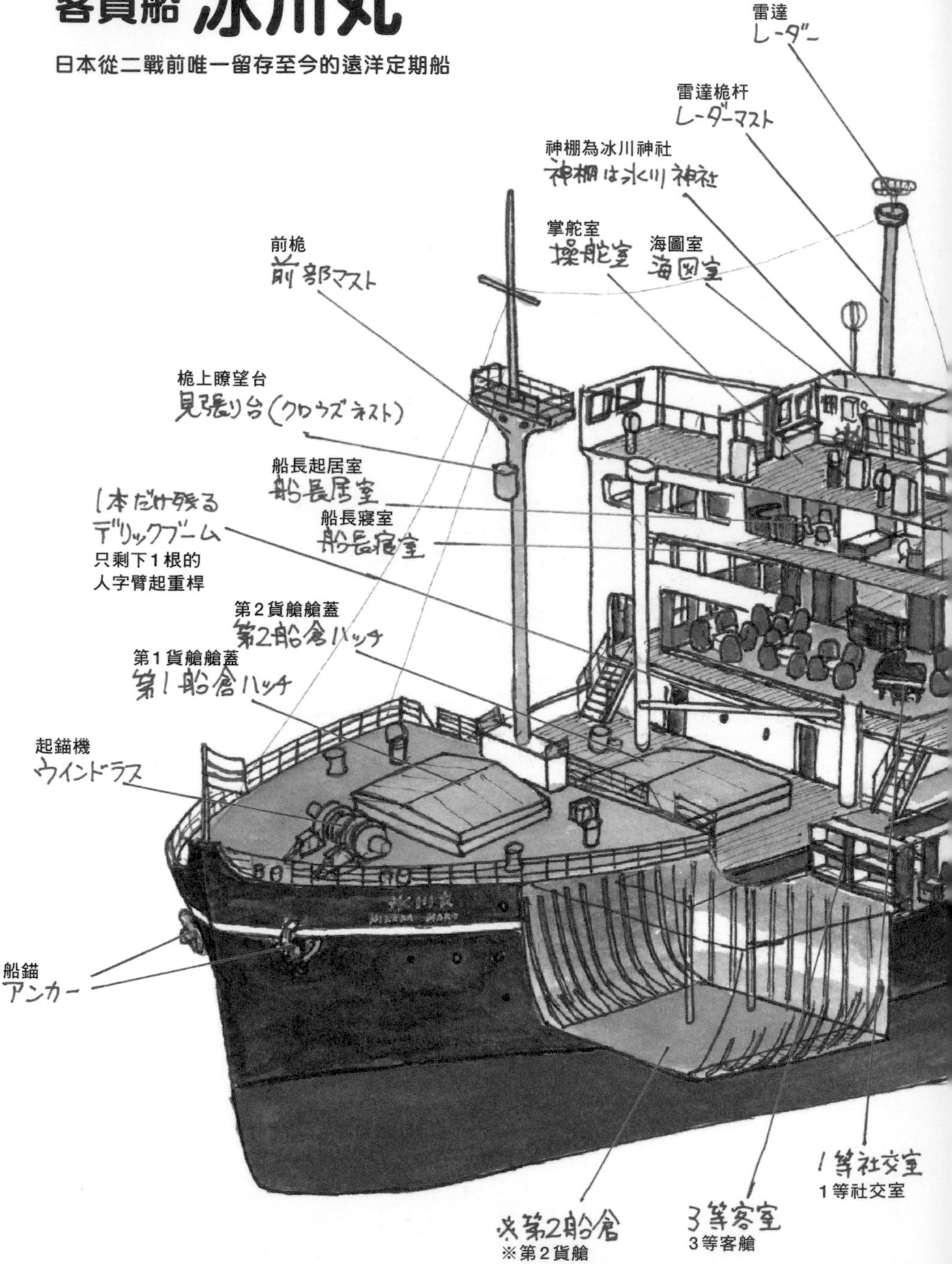

雷達
レーダー

雷達桅杆
レーダーマスト

神棚為冰川神社
神棚は氷川神社

掌舵室
操舵室

海圖室
海図室

前桅
前部マスト

桅上瞭望台
見張り台（クロウズネスト）

船長起居室
船長居室

1本だけ残る
デリックブーム
只剩下1根的
人字臂起重桿

船長寢室
船長寝室

第2貨艙艙蓋
第2船倉ハッチ

第1貨艙艙蓋
第1船倉ハッチ

起錨機
ウインドラス

船錨
アンカー

1等社交室
1等社交室

※第2船倉
※第2貨艙

3等客室
3等客艙

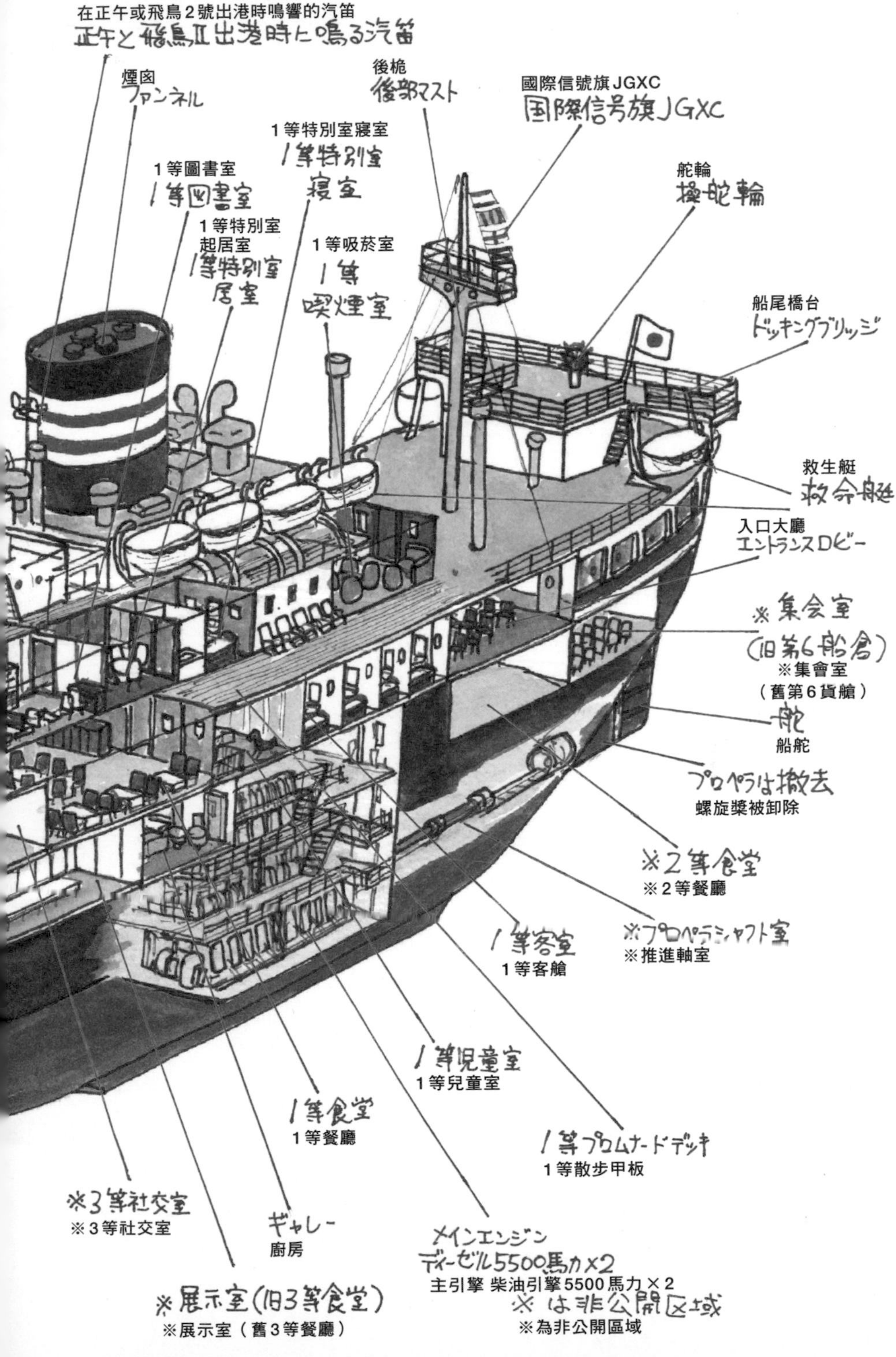

在正午或飛鳥2號出港時鳴響的汽笛
正午と飛鳥Ⅱ出港時に鳴る汽笛

煙囪
ファンネル

後桅
後部マスト

國際信號旗JGXC
国際信号旗JGXC

1等特別室寢室
1等特別室
寝室

1等圖書室
1等図書室

舵輪
操舵輪

1等特別室
起居室
1等特別室
居室

1等吸菸室
1等
喫煙室

船尾橋台
ドッキングブリッジ

救生艇
救命艇

入口大廳
エントランスロビー

※集会室
(旧第6船倉)
※集會室
(舊第6貨艙)

舵
船舵

プロペラは撤去
螺旋槳被卸除

※2等食堂
※2等餐廳

1等客室
1等客艙

※プロペラシャフト室
※推進軸室

1等児童室
1等兒童室

1等食堂
1等餐廳

1等プロムナードデッキ
1等散步甲板

※3等社交室
※3等社交室

ギャレー
廚房

メインエンジン
ディーゼル5500馬力×2
主引擎 柴油引擎5500馬力×2

※展示室(旧3等食堂)
※展示室(舊3等餐廳)

※は非公開区域
※為非公開區域

仍然浮於橫濱港的奇蹟之船

緊鄰橫濱港的山下公園在假日有許多觀光客與出遊的家庭來此遊玩；雖然往來的人們都將停泊在港內的冰川丸當成理所當然的景色，然而絕大多數的人都沒有意識到，這艘將近1世紀以前的平凡客貨船如今卻還存在這裡，這件事本身就是一項真正的奇蹟。

1930年（昭和5年），冰川丸誕生在現在的港未來地區，由當時的橫濱船渠（現在的三菱重工）建造，並成為日本郵船前往北美西雅圖定期航線的客貨船。

因美味的餐點及家庭般的溫暖氣氛，這條航線的日本船深受歡迎。不論是電影演員查理·卓別林或二戰前成功促成奧運舉辦，同時也是柔道創始人的嘉納治五郎等諸一等客艙的名流，還是前往新天地追求夢想的三等客艙的一般移民，都透過這艘船來往於兩國。

當年的日本產絲綢也得到外國買家的好評，因此船上甚至設有一間稱為絲綢房的絲綢專用貨艙，小心翼翼地運送絲綢。但這幸福也轉瞬而逝……日本之後投入太平洋戰爭中，冰川丸也在1941年（昭和16年）被海軍徵用為醫療船被送到南方戰線。

雖說醫療船不會被當成攻擊對象，冰川丸卻也3次觸雷；萬幸的是，船身的厚實鋼板使她免於被炸沉的命運，得以殘存到戰爭結束。

戰後，她從事將日本軍民遣返回國的任務，約載運3萬多人回到日本。到了1947年（昭和22年），開始服役於大阪／橫濱～室蘭／函館的定期航線。

1951年（昭和26年），冰川丸成為國際客貨船遠航至紐約及歐洲，2年後又回到西雅圖航線繼續服役，此時距離上一次在這條航線工作已相隔了12年。

但隨著老化嚴重，又面臨與航空業界的競爭，冰川丸最終在1960年（昭和35年）結束其30年的客貨船生涯並退役。正當冰川丸準備被解體時，其誕生地橫濱市與神奈川縣開始有聲音希望能保存冰川丸，於是冰川丸停泊到現在的位置，成為一艘具有住宿設施的觀光船。

然而開幕當時大量湧入的人潮也隨著時代演變而逐年減少，正當大家以為這次終於要退役時……2008年（平成20年）以「日本郵船冰川丸」的名義重新裝潢並開幕，並在2016年（平成28年）成為保存在海上的船舶中第一艘被指定

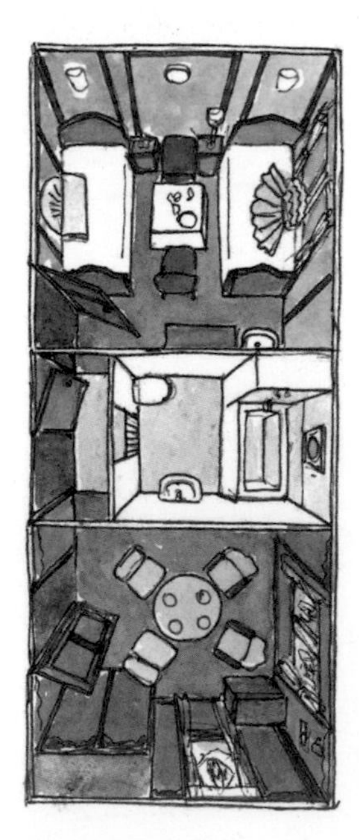

一等特別室

與社交室和吸菸室同樣面朝1等步道甲板，就是現代所謂的套房。中央有洗澡間，並分成左右的接待室與寢室。玻璃窗是華美的彩繪玻璃，很難看到外面。

為重要文化財的船隻，爾後作為博物館船延續至今。

將戰前華麗的社交界歷史與造船技術、國際物流概況流傳到現代

現在的冰川丸展示了包含插圖所畫的一等特別室、餐廳、社交室、吸菸室、讀書室、兒童室等各項一等設施，這些設施都還保持著服役當時的樣貌。除此之外輪機室、掌舵室、三等客艙等處也是公開的，尤其是左舷的救生艇甲板下方有鋪上木板的散步甲板，若在此駐足欣賞海面，便彷彿沉浸在過去還是遠洋定期船時的氣氛中。

船內各處也都完善地保存了竣工當時裝飾藝術風格的裝潢，可以窺見那個年代最新的室內設計思維。

不過船上公開的區域多是這些擁有豪華內裝的一等相關設施，主要展示的是一般大眾認知中「豪華客船」的這一面，但實際上這些區域只佔船內的一小部分而已。

繫留在港口後，長年下來作為觀光設施不斷施行改裝的結果就是，船上原本肩負她重要職責的貨艙、二等及三等乘客相關設施變化相當大，都已幾乎看不出當年的樣子了。

我在採訪時有幸請對方讓我看看船首那寬闊的第2貨艙。第2貨艙還保留服役當時的狀態，只是數十根支撐船殼的鋼鐵肋骨（龍骨）暴露在外，看起來就像孩提時期在繪本上所看到、把皮諾丘吞進去的鯨魚肚子裡。這個部分才真正展示了二戰前國際海運物流的歷史，亦是冰川丸作為戰前的客貨船最原始的姿態，是非常有價值的工業遺產，令我感動萬分。但非常可惜的，從上層來到此處的階梯已經因為腐蝕而嚴重老化，走起來相當危險，這狀態實在是無法開放給一般大眾參觀。

之前每年還會舉辦數次開放往非公開區域的參觀行程，比如船首樓甲板的內部或船尾的推進軸室，但在疫情擴大後就沒再舉辦過。

冰川丸

船舶資訊（竣工時）　1930年由橫濱船渠建造

總噸位11622噸　全長163.3m　寬20.1m

航海速度18.4節　載客量286人　載貨重量10436噸

今停泊於港未來線元町・中華街車站距離4號出口徒步3分鐘處　週一休館　入館費大人300日圓

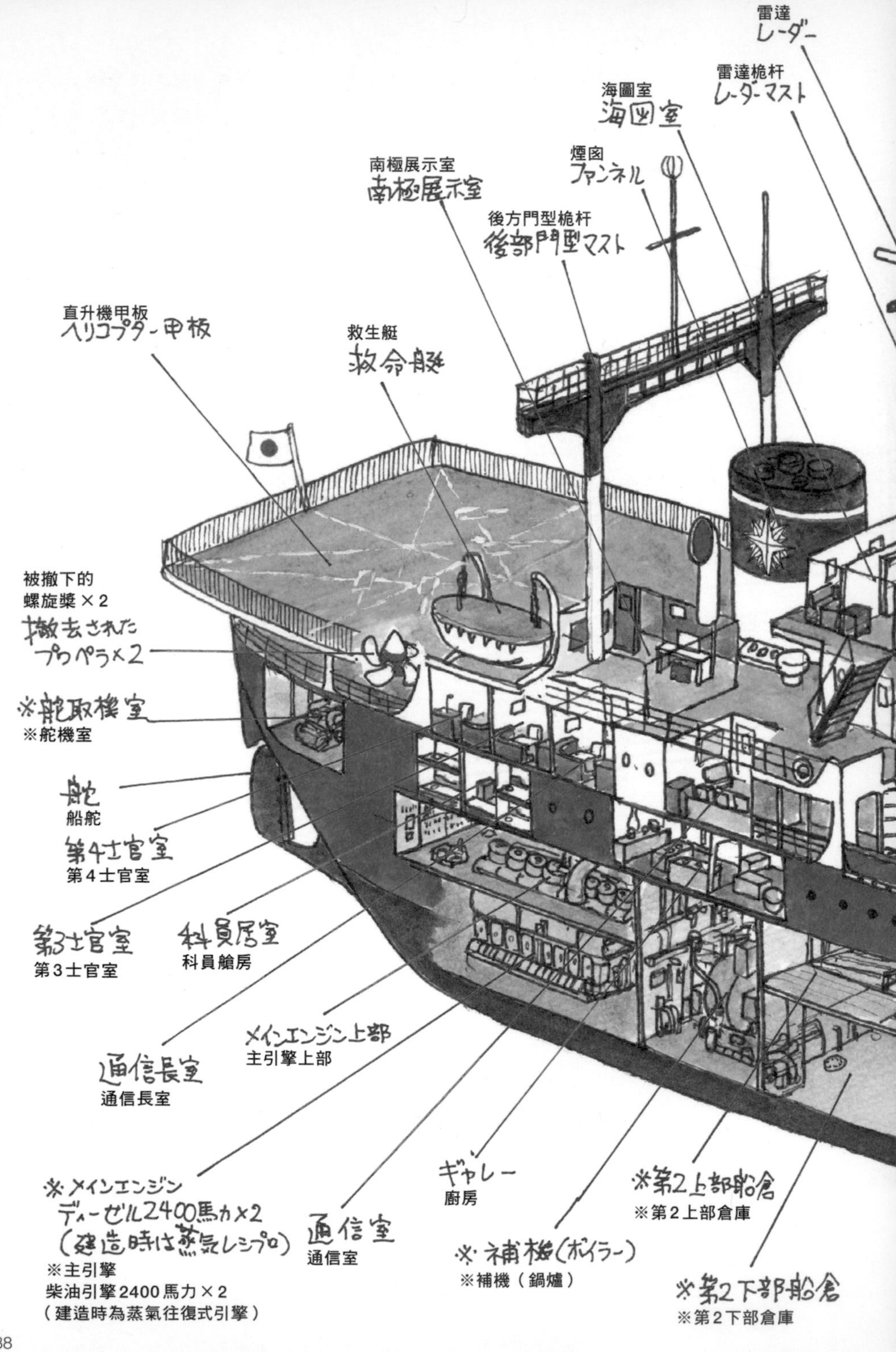
雷達
レーダー
雷達桅杆
レーダーマスト
海圖室
海図室
煙囪
ファンネル
南極展示室
南極展示室
後方門型桅杆
後部門型マスト
直升機甲板
ヘリコプター甲板
救生艇
救命艇
被撤下的
螺旋槳 × 2
撤去された
プロペラ×2
※舵取機室
※舵機室
舵
船舵
第4士官室
第4士官室
第3士官室
第3士官室
科員居室
科員艙房
メインエンジン上部
主引擎上部
通信長室
通信長室
ギャレー
廚房
※第2上部船倉
※第2上部倉庫
※メインエンジン
ディーゼル2400馬力×2
(建造時は蒸気レシプロ)
※主引擎
柴油引擎2400馬力 × 2
(建造時為蒸氣往復式引擎)
通信室
通信室
※補機(ボイラー)
※補機(鍋爐)
※第2下部船倉
※第2下部倉庫

公益財團法人 日本海事科學振興財團 船之科學館

南極觀測船 宗谷

從貨船、海軍特務艦再到巡視船，
擁有多樣經歷的日本初代南極觀測船

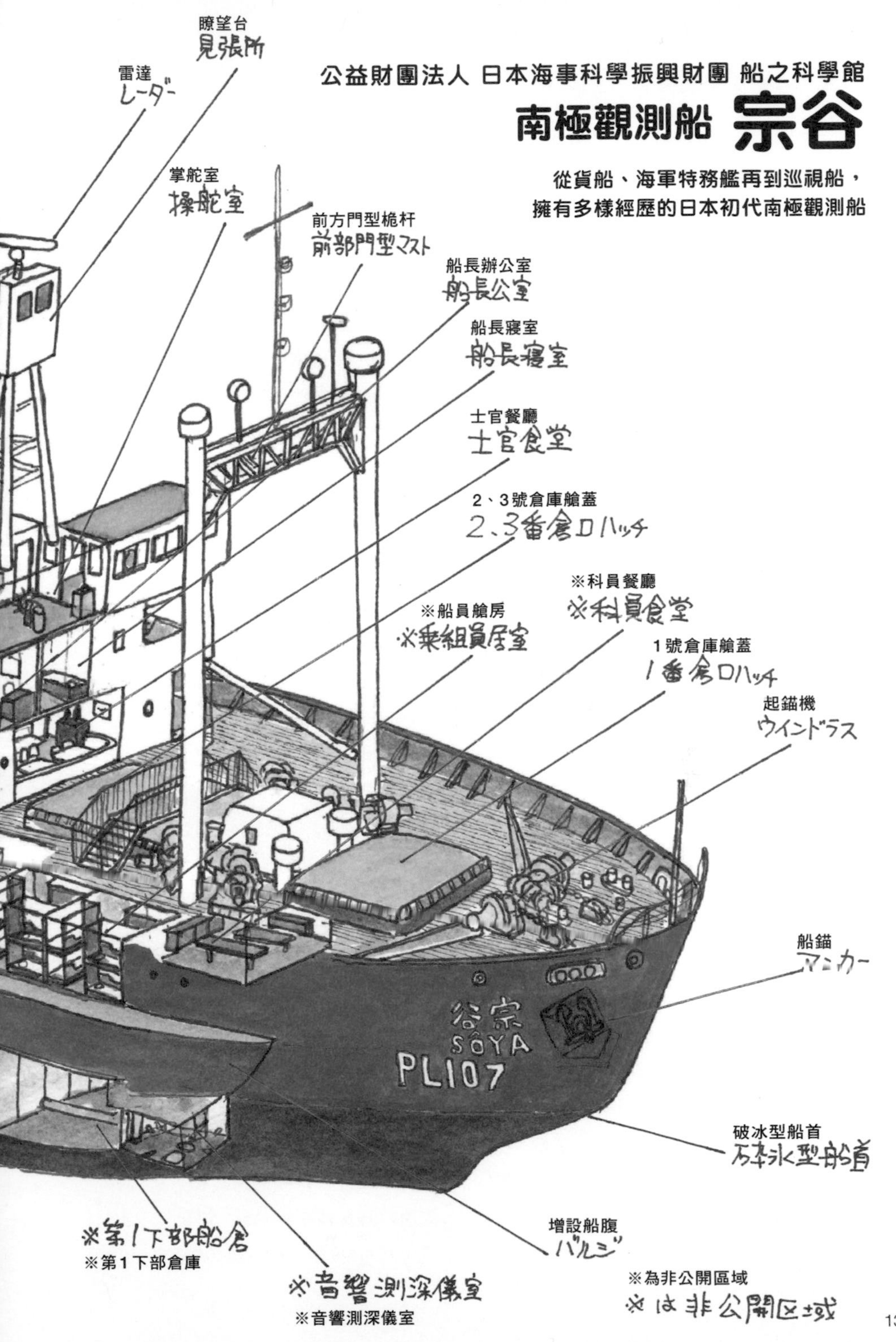

漂浮在東京港角落的小型船

晴海碼頭的客船航運中心長年以來都是東京港內的對外玄關，不過台場地區為了配合東京奧運而建設的東京國際郵輪碼頭可以讓20萬噸級的船隻停靠，代替晴海碼頭成了新的海之大門。

而就在這附近，有艘橘色的小船被繫留保存於此並向一般大眾公開展示。這艘就是二戰後將第一批正式的觀測隊送到南極，並在南極建設現在昭和基地的日本初代南極觀測船「宗谷」。

恐怕是現存唯一一艘太平洋戰爭當時的帝國海軍艦船

宗谷原本是二戰前蘇聯為了鄂霍次克海的運輸而向日本的造船所委託建造的耐冰船，可以抵抗浮冰等寒帶地區的海面狀況，不過在發生各種事態後，最終以日本貨船的形式於1938年（昭和13年）完工，並將船名取為地領丸，服役於函館到堪察加地區的航線。

然而不久後她受到海軍的徵招，為了北方海域的海道測量而大規模改造成耐冰特務艦，船名也改成現在的宗谷。

雖然一開始確實活用了她的耐冰能力在北方進行測量任務，然而不知不覺間她卻來到了南洋群島赴任，面對她不熟悉的海域，並最終迎來了太平洋戰爭的爆發。

跟許多殘存到戰後的醫療船不同，宗谷雖然外觀看起來像是商船而且裝備簡樸，不過姑且仍是一艘武裝過的軍艦，因此在各個測量地往往會受到美軍的攻擊，然而其強大的運氣幫她渡過一次又一次的難關；比如在特魯克島的大空襲中，有多達50艘軍艦、運輸船沉沒或嚴重受損，其中惟有宗谷等僅僅數艘船隻幸運生還。到戰爭結束，宗谷多次碰上敵軍攻擊而身陷危機，但最後都能化險為夷，真可說是一艘奇蹟之船。

戰後協助將日本軍民載運回本土，而當這項工作也結束後便移籍至海上保安廳並保留宗谷這個名字，在一段時間內負起了燈塔補給船這個任務。隨後由於日本決定參加「國際地球觀測年」，所以需要一艘能前往南極的船，這時因耐冰結構而雀屏中選的她歷經一番大改造，重生成為一艘正式的破冰船。

1956年（昭和31年）完成改造工事後，宗谷在東京港內人們的加油聲中載上第一次南極觀測隊出發前往南極。

不過原本只是一艘耐冰船的宗谷並沒有擊碎厚重冰層的破冰能力，而且在之前的戰爭中還多有損傷，對這艘建造了將近20年的小船來說，首次前往南極的征程是一場過於嚴酷的試煉；諷刺的是，最後竟是被自己原本要被賣去的蘇聯所建造的破冰船鄂畢號救援才勉強回到了日本。在這之後雖同樣歷經各種艱辛（最有名的大概是被遺留1年後奇蹟倖存的薩哈林哈士奇太郎與次郎的故事），還是完成總共6次的南極觀測任務，直到1961年（昭和36年）將工作交給繼任的海上自衛隊破冰艦「富士」。

隔年起宗谷繼續活用其破冰能力轉而成為北方海域的巡視船，之後到了1978年（昭和53年），建造超過40年的她終於退役，並將顏色塗裝成南極觀測船時期的警示橘，然後保存在現在的位置直至今日。

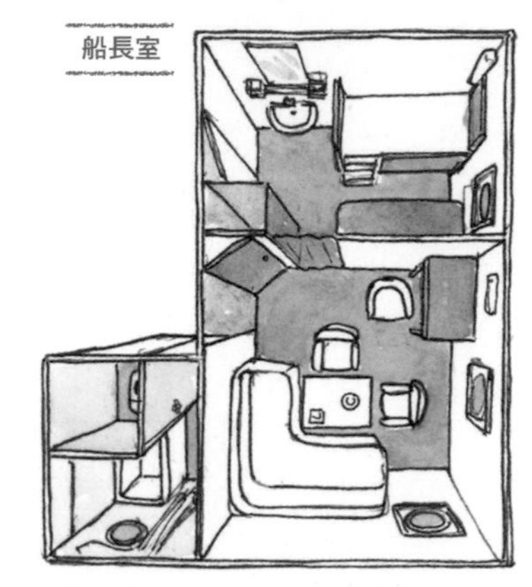

在掌舵室正下方，分成接待客人的辦公室與寢室。雖然是船上唯一擁有專用浴室跟廁所的房間，但據說在南極觀測船時期，觀測隊隊長常來這裡泡澡。

現在仍保留著南極觀測船時期的樣貌

成為巡視船後的宗谷並沒有對南極觀測船時期的設備做過太大的改造，而且決定要保存時也做了還原工程，因此大致上還保留著南極觀測船當時的模樣。

船內的掌舵室、船長室、士官餐廳、士官寢室、科員室（觀測隊員室）、通信室、觀測隊餐廳等等艙室都保存良好並向大眾公開，不過倉庫、輪機室（可從輪機室上方隔著玻璃窗觀察）和舵機室則是非公開的區域。

此外有趣的是船上還能看到冰淇淋機，這是為了在赤道地區的炎熱地獄中能過得涼爽一點而配置的。如以上所述，在這不滿3000噸的狹窄船內就隔出了許多房間，另外還有大量的木製艤裝，我每次參訪這艘船時都覺得這麼小的船竟能穿越狂風暴雨並擊破厚重的冰前往南極，這實在是很不可思議。

順帶一提，採訪時為我介紹船內的宗谷現任船長原本是海上自衛隊，曾搭乘破冰艦富士與白瀨完成5次南極地區的觀測協力任務，是一位在南極有著豐富經歷的人物。希望有一天可以好好聽船長述說現代航行至南極進行觀測的故事。

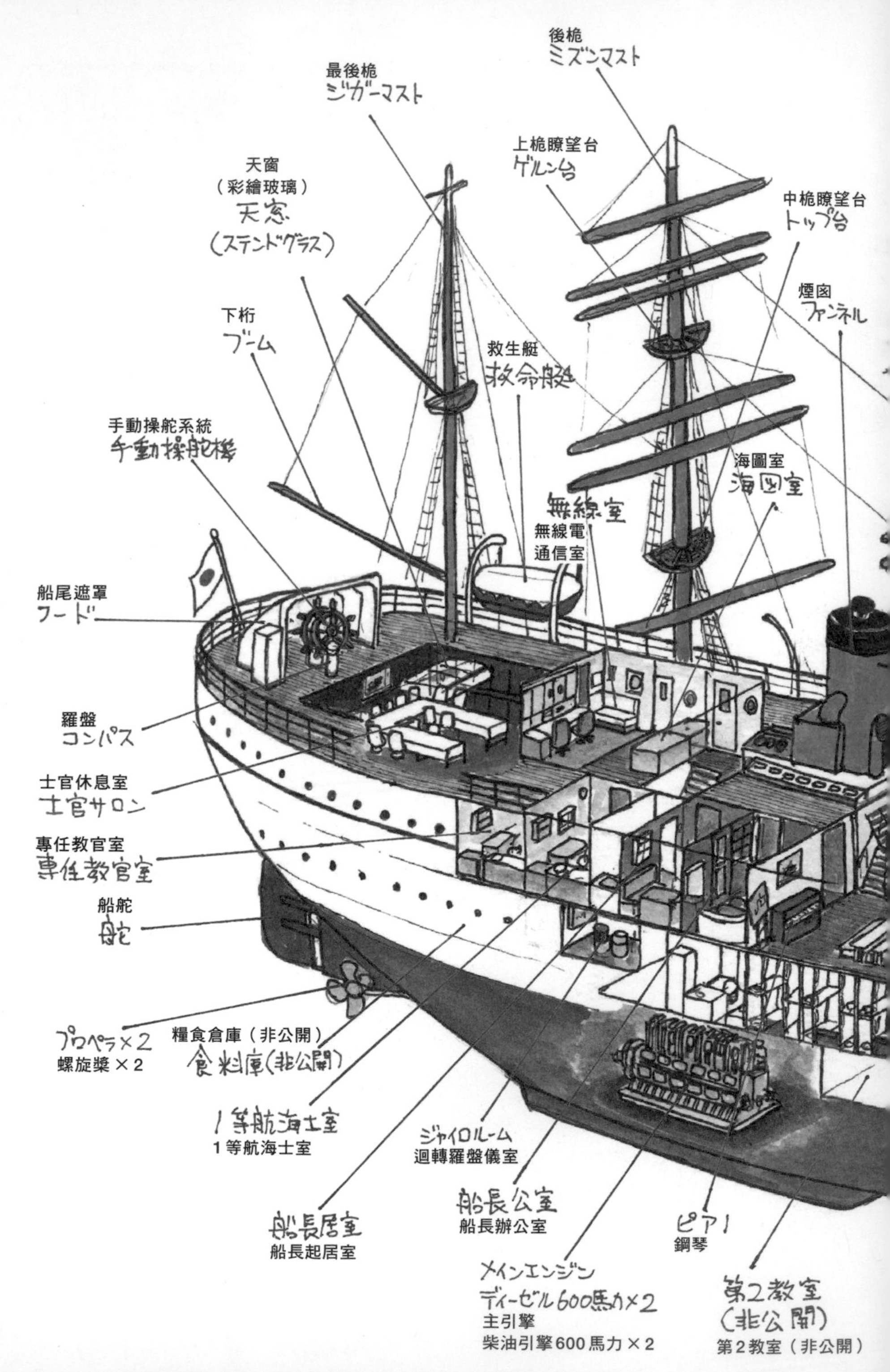

後桅
ミズンマスト
最後桅
ジガーマスト
上桅瞭望台
ゲルン台
天窗
（彩繪玻璃）
天窓
（ステンドグラス）
中桅瞭望台
トップ台
煙囪
ファンネル
下桁
ブーム
救生艇
救命艇
手動操舵系統
手動操舵機
海圖室
海図室
無線室
無線電
通信室
船尾遮罩
フード
羅盤
コンパス
士官休息室
士官サロン
專任教官室
専任教官室
船舵
舵
プロペラ×2
螺旋槳×2
糧食倉庫（非公開）
食料庫（非公開）
1等航海士室
1等航海士室
ジャイロルーム
迴轉羅盤儀室
船長居室
船長起居室
船長公室
船長辦公室
ピアノ
鋼琴
メインエンジン
ディーゼル600馬力×2
主引擎
柴油引擎600馬力×2
第2教室
（非公開）
第2教室（非公開）

公益財團法人 帆船日本丸紀念財團

帆船 日本丸（第1代）

擁有「太平洋的天鵝」美稱的訓練帆船

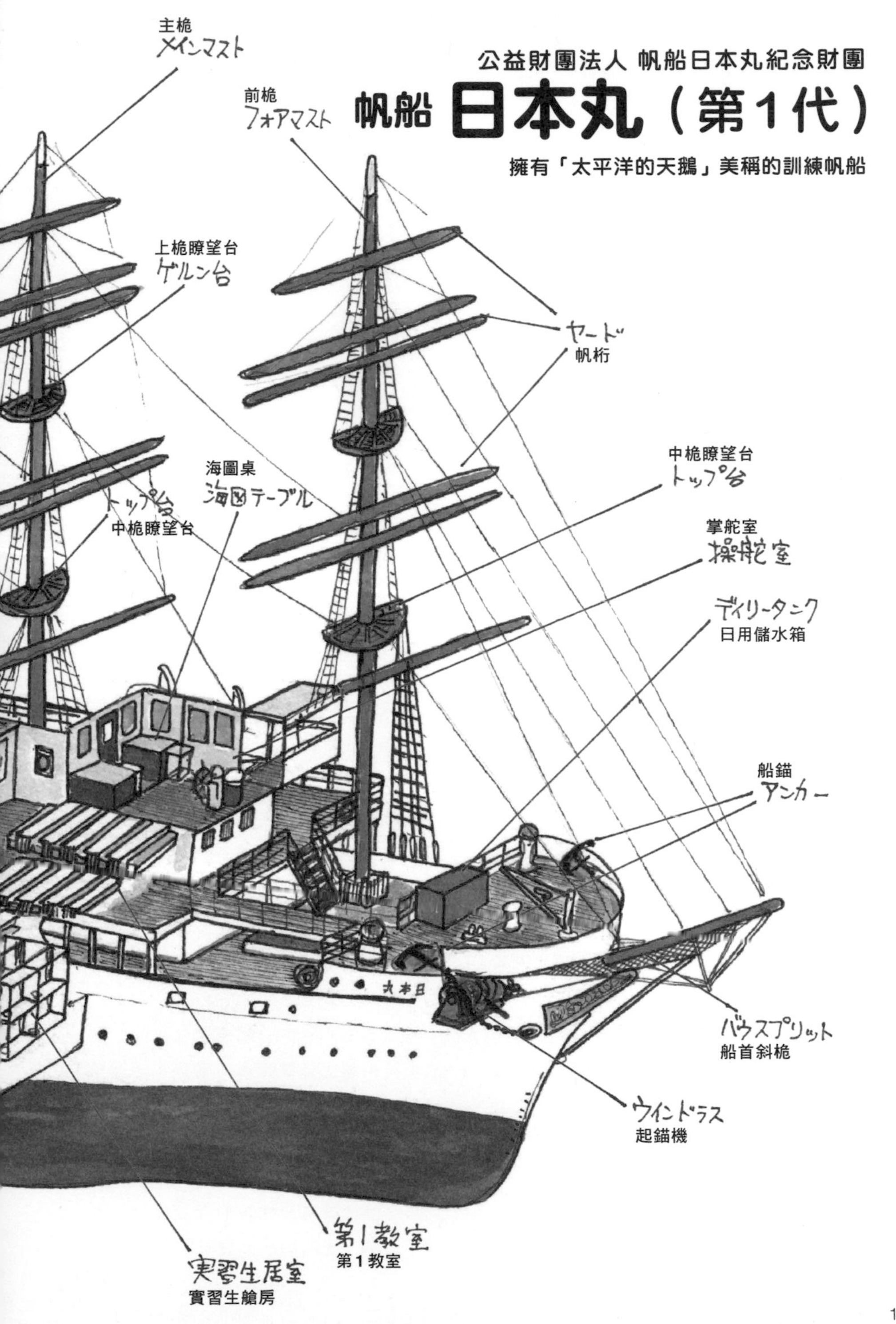

以成為水手為志向的年輕人最嚮往的船

許多遊客人來人往的橫濱港未來地區，在過去曾是稱為橫濱船渠的造船廠。

在重新開發的過程中，造船廠中的部分船塢保存了下來，其中1號船塢被注滿了水並停放一艘帆船。這艘便是第一代4桅Barque型訓練帆船「日本丸」。

1930年，當時除了東京（大成丸）與神戶（進德丸）的高等商船學校外，日本各地都沒有大型的訓練帆船，與此同時各地商船學校還發生多起小型訓練船的海難事故。為了全日本的實習水手，文部省決定建造安全又氣派的船而委託神戶的川崎造船所建造了這艘日本丸以及姊妹船初代海王丸。這對姊妹都是正規的大型帆船，甚至被認為是當時世界最大型的帆船（關於此眾說紛紜）。

在完成前往密克羅尼西亞波納佩島的首次遠洋航行後，許多實習生都搭上這艘船進行航海訓練，不過隨著太平洋戰爭的白熱化，像這類遠洋航海訓練再也無法實行，於是最後日本丸的船身被漆成深灰色，並將桅杆上所有帆桁撤下，與海王丸一同在東京灣訓練，或前往瀨戶內海從事煤炭運輸的工作。

僥倖活過太平洋戰爭後，在戰後作為復員船將滯留於海外的日本人遣返回日本本土，並也做過南方8島的遺骨收集工作。到了1952年（昭和27年），日本丸終於取回帆裝，並在之後的時間中總共航行了183萬公里（地球45圈半），培育了1萬1500名實習生，最後在

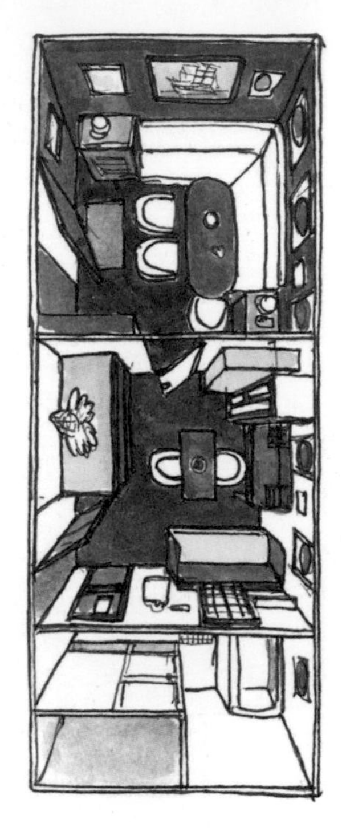

船長室

房間分成辦公室、寢室及浴室，且房內擺放的都是桃花心木的家具。擁有專用浴室的只有這間船長室。

1984年（昭和59年）將工作交接給現在的第二代訓練帆船日本丸，初代日本丸就此功成身退。雖然在日本丸退役後日本許多城市都希望她能保存在當地，不過篩選到最後的名單只剩橫濱市、神戶市以及東京都，最終由橫濱的保存計畫勝出；橫濱選擇在真正的船塢內注滿海水，並讓船以活著的狀態繫留在船塢內，也就是現在日本丸的模樣。

順帶一提，日本丸剛作為保存船公開展示時船塢出去就是海，附近也沒有架設橋樑，因此雖然開出只能以船帆航行，但卻是登記成限定在平水區航行的訓練船，直到今日仍沒有變更用途。

然而隨著港未來地區的開發建設，不知不覺間1號船塢卻被埋進了陸地中；

即使設有水道通向外海，但途中卻架設了多座橋樑，因此日本丸已經很難再駛離現在的位置了。

即便如此根據船舶安全法的規定，日本丸每5年就要做1次定期檢查，每年也都要做中期檢驗，除此之外到現在也已經有3次抽乾船塢進行乾塢工程的經歷了。最近一次是2019年（平成31年），把水抽乾後時隔20年又終於露出了船底；這次我也去參觀了整修的情況，令人意外的是船底的外板非常乾淨，很難想像她已經泡在海水中很長一段時間了。

整潔如新的船內

除了例行性檢查的時期外，平時只要購票就能進入船內參觀。

上船後我首先會來到掌舵室。雖然跟現代的船相比實在狹窄得令人吃驚，但古典的操船設備井然有序地陳列其中，讓人也不由得繃緊神經。接著我會來到船首，甲板上絞盤頂端的黃銅每個都被志工及工作人員擦得亮晶晶的，映射出美麗的橫濱天空，還請大家不要錯過。

從上甲板沿桃花心木階梯來到第2甲板，可以看到兩舷都是實習生艙房。

在途中隔著玻璃觀察輪機室或參觀其他各個房間後，再次回到上甲板，這時會來到實習生餐廳兼第1教室。這裡是這艘船上最寬敞的空間，擺放於角落的鋼琴可以舒緩緊張的情緒，我想一定也曾有琴藝傑出的實習生在這裡彈過吧。

參觀完右舷的船長室及士官室，最後來到士官休息室。休息室內的天花板鑲著一片色彩鮮豔、描繪日本丸的彩繪玻璃。來到這裡就算結束船內參觀了。

最後走出並排著橘色小艇，有著美麗柚木紋路的船尾樓甲板，就完成大約1個小時的參觀行程。

船上每年會舉辦數十次將船帆全部展開的「總帆展帆」，或把國際信號旗從船首經由桅杆，再往下掛到船尾的「滿船飾」等活動。此外在無風的夜晚也會將整個船身打燈，在船塢水面映照日本丸的優美身姿，這同樣也是不容錯過的美景。

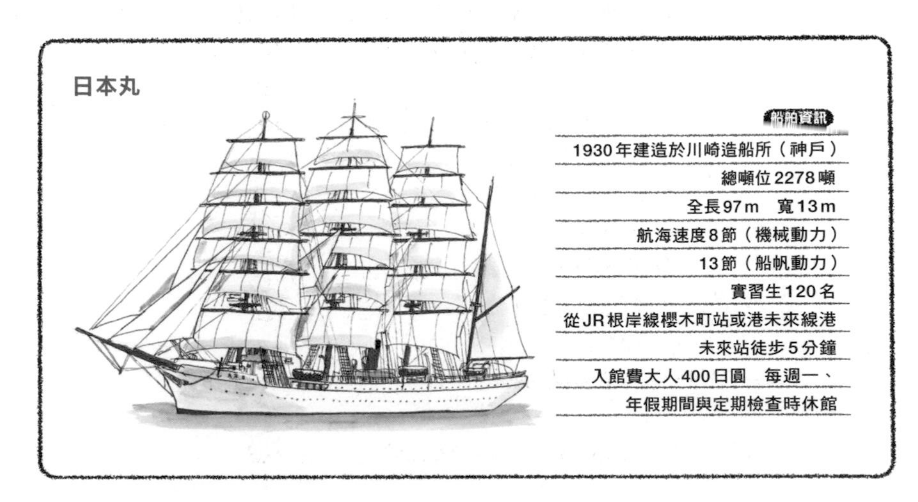

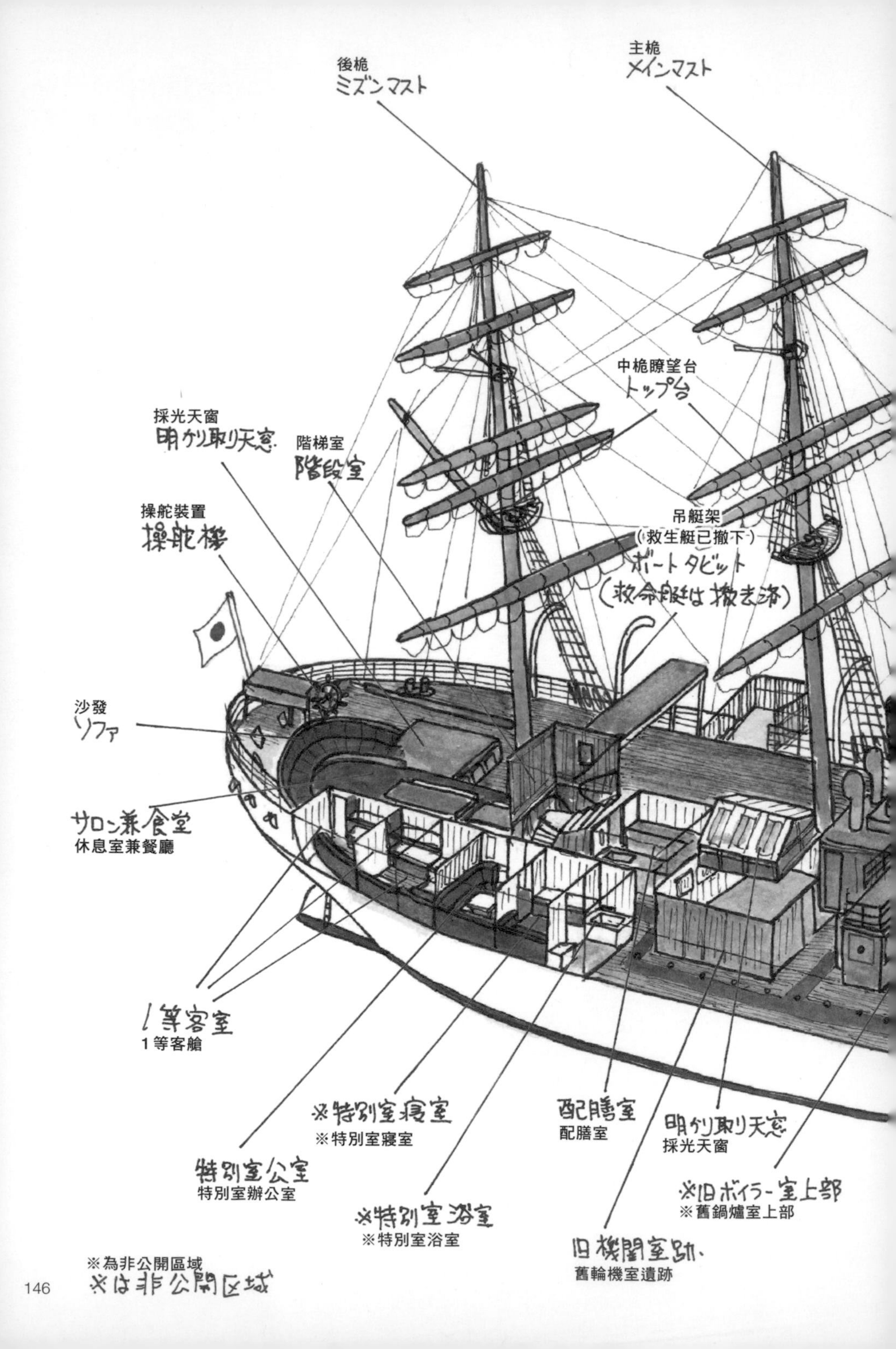
後桅
ミズンマスト
主桅
メインマスト
中桅瞭望台
トップ台
採光天窗
明かり取り天窓
階梯室
階段室
操舵裝置
操舵楼
吊艇架
（救生艇已撤下）
ボートダビット
（救命艇は撤去済）
沙發
ソファ
サロン兼食堂
休息室兼餐廳
1等客室
1等客艙
※特別室寝室
※特別室寢室
特別室公室
特別室辦公室
※特別室浴室
※特別室浴室
配膳室
配膳室
明かり取り天窓
採光天窗
※旧ボイラー室上部
※舊鍋爐室上部
旧機関室跡
舊輪機室遺跡
※為非公開區域
※は非公開区域

國立大學法人 東京海洋大學

帆船 明治丸

將150年前的造船技術
傳承至今的鐵製保存船

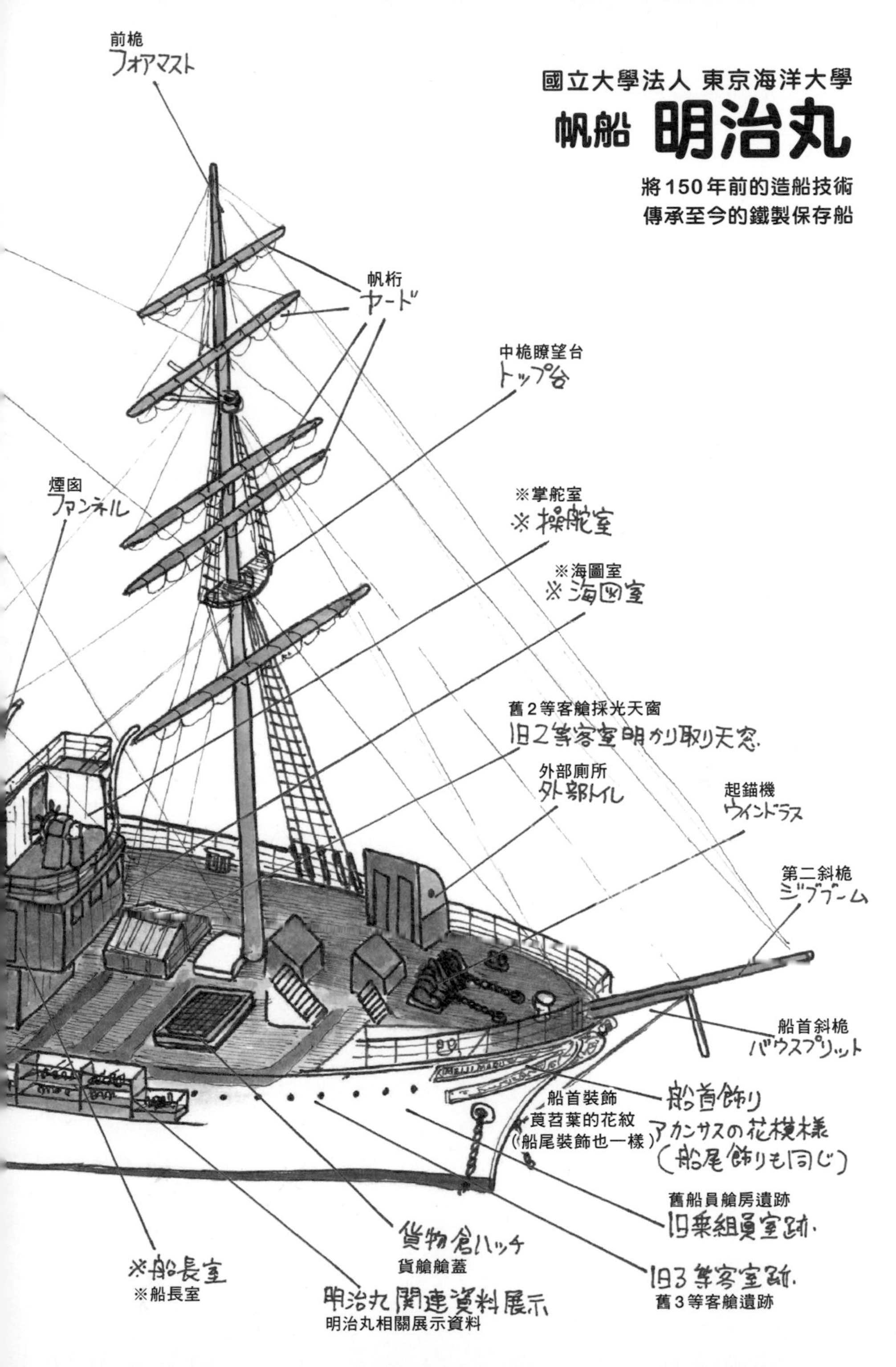

為日本領土做出巨大貢獻

現在根據聯合國公約的規定，靠海的國家除了領海之外還能領有稱為EEZ（專屬經濟區）的廣闊海域；在專屬經濟區中，各個國家可以自由進行漁業、天然資源採集或科學調查等活動且不受其他國家的干擾。專屬經濟區的範圍是從領土向外延伸200海里（約370.4㎞）以內的海洋，其中日本由於其細長的國土與大量的島嶼，所擁有的專屬經濟區面積竟達到世界第6！鮮為人知的是，這之中約30%都是以東京都的離島小笠原群島為起點。

距離前往小笠原群島的客貨船乘船處不過數公里的地方，保存展示著一艘船；這艘「明治丸」，正是將距離東京1000公里以上的多個島嶼納為日本領土的大功臣。

她是在那江戶幕府衰落、明治政府剛剛成立的1874年（明治7年）由造船先進國英國所建造的，並在隔年航行回到日本的橫濱。

雖然當初是以燈塔巡視船的名義負起巡視日本各地燈塔的任務，但實際上明治丸有著當年歐美典型的國際客船造型，並擁有鐵製船身以及2座雙脹式蒸氣往復式引擎和2個螺旋槳（當初在計畫階段似乎原本是外輪船），是全日本最為優秀的新式船隻，因此日本政府用來實行各式各樣的用途。

抵達日本後的隔年1876年（明治9年），明治丸作為皇室船載著明治天皇前往北海道及東北地區行幸，在順利完成這次航行後回到橫濱的那一天便被訂立為海之紀念日（現在的海之日）。

同年秋天，由於日本與英國間爆發關於小笠原群島的所有權問題，因此明治丸作為調查船一馬當先前往當地，比同樣前往群島的英國軍艦早了2天抵達並開始測量，接著如同前述，小笠原群島最終被認定為日本的領土。

除了這些豐功偉業外，明治丸也完成多次具歷史性的航行。從第一線引退後，1898年（明治31年）從原先2根桅杆的雙桅縱帆船改裝成擁有3根桅杆的正統全帆裝船，並繫留在東京的商船學校（現在的東京海洋大學）當作訓練船使用。

即使後來撐過颱風或關東大地震等天災，並勉強活過太平洋戰爭，但由於老化實在太過嚴重，最終於1954年（昭和29年）完成她訓練船的職責，將船身搬到現址並固定，隨後也被指定為國家重要文化財，並在1989年（平成元年）向大眾公開展示。

在大學內公開展示

進入位於東京越中島的東京海洋大學校區，就可以看到彷彿漂浮在廣大草地之海上的明治丸。不僅可以免費參觀，還有志工會為遊客做導覽。

從鋪設柚木的上甲板進入船內並走下樓梯後，就會來到主甲板後方有著美麗桃花心木內裝的1等客艙區域。中央擺放長桌，船上人員會在這裡用餐或舉行會議，而乘客所住的客艙就圍繞著這張長桌。正上方的天窗是在建造當時燈光

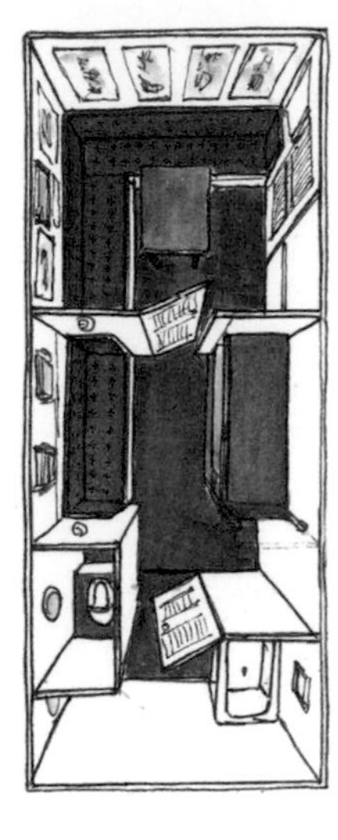

明治天皇御座所

分成辦公室、寢室和浴室3間的一等特別室。1988年在文化廳的修復下還原成這個狀態。

還不普及的環境中，為了盡可能增加室內的亮度所設計的。雖然說是一等客艙，但房內只有床與沙發，空間也跟現在渡輪的二等個人房差不多狹窄，整體看起來相當樸素。船的最後方是一排沿著船壁圍成一個弧形的沙發區，雖然作為接待客人的區塊稍嫌狹小，但也顯露一種華貴的氛圍。

在這個一等客艙區域右舷靠前的地方，有一間內附浴室跟廁所的特別室，這裡曾是明治天皇乘船時所使用的御座所。現在為保護室內的木板畫等裝潢並不對外開放，不過還是可以從走道透過玻璃看進辦公室的內部。

從特別室往左手邊可以看到曾經存放引擎跟鍋爐的艙室，繼續前進可以看到從船身中央延伸到船首的寬闊展示區。此處在現役時期原本是乘客和船員的艙房，但在戰後由於損傷嚴重，修復船身時都已經拆除了。

走上樓梯回到上甲板，會發現船首還保留著起錨機、絞盤與通風管等艤裝。

中央的船艙部分分成2層，1樓是船長室與海圖室等等，2樓則是掌舵室，至今還保留著當初的舵輪跟磁羅盤等設備，可惜的是目前並未公開展示。

雖然船內已經少了許多明治時期的元素，但話說回來，這艘建造了1世紀半的鐵船還能像這樣留存到現代，真可說是一項奇蹟。在空閒時，我總是會來這裡探訪這艘美麗的船。

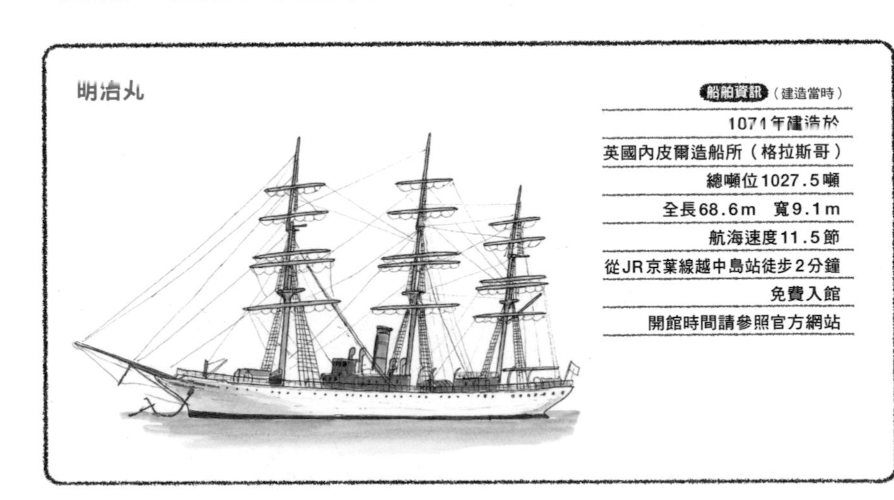

特定非營利活動法人 青森港俱樂部

青函聯絡船
八甲田丸

過去連接函館與青森，
現在保存在青森站的青函聯絡船

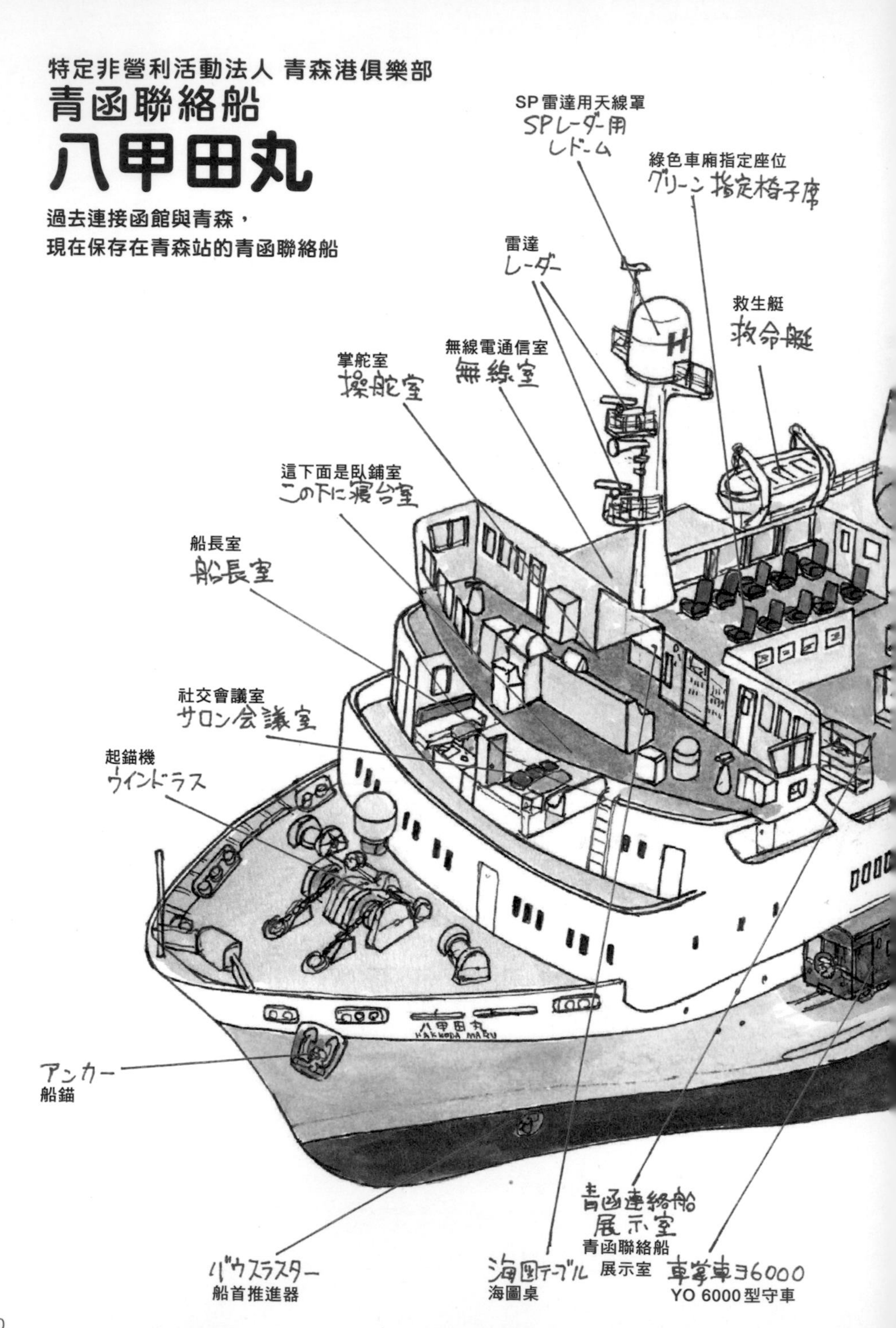

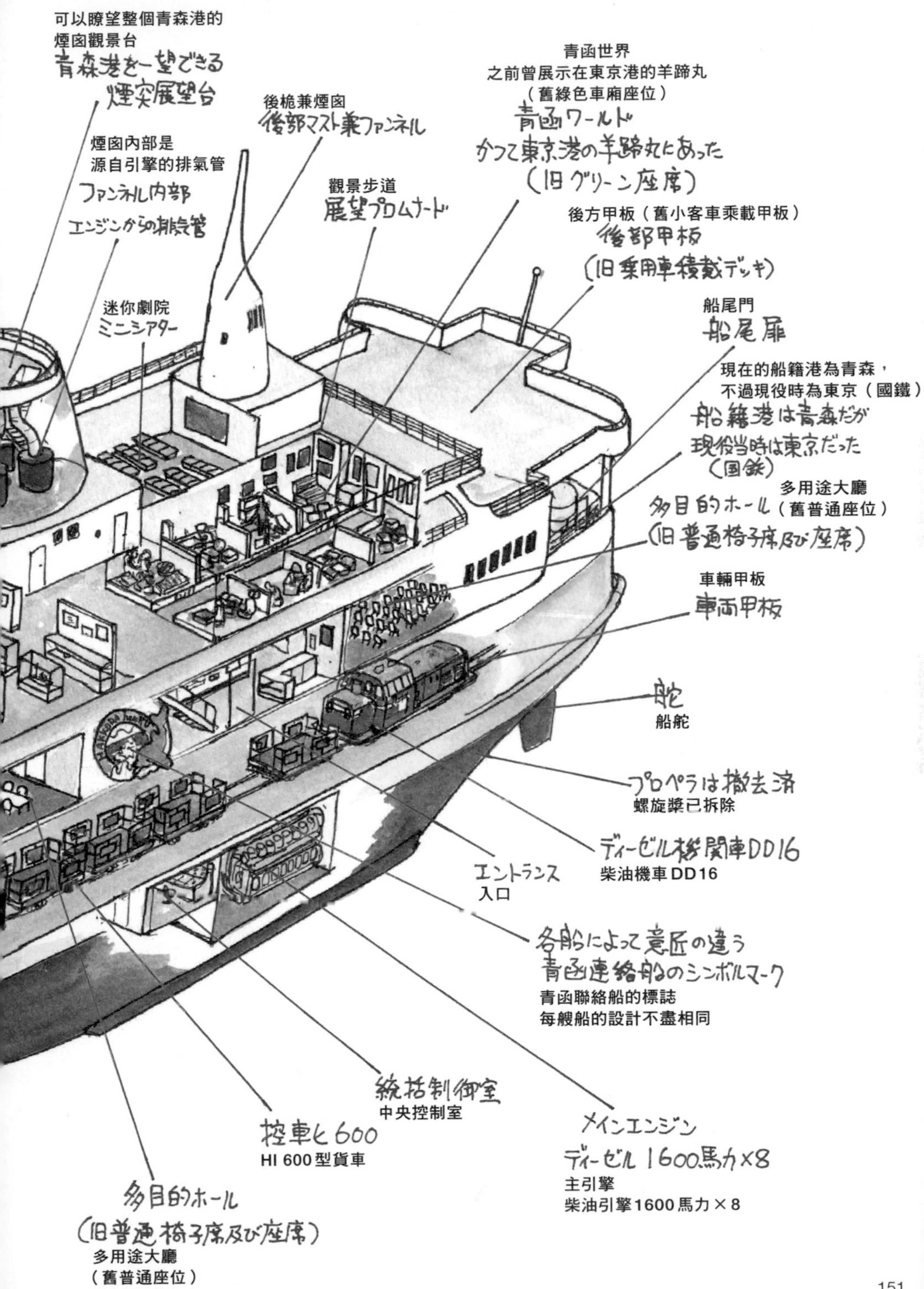

可以瞭望整個青森港的
煙囪觀景台
青森港を一望できる
煙突展望台
煙囪內部是
源自引擎的排氣管
ファンネル内部
エンジンからの排気管
迷你劇院
ミニシアター
後桅兼煙囪
後部マスト兼ファンネル
觀景步道
展望プロムナード
青函世界
之前曾展示在東京港的羊蹄丸
（舊綠色車廂座位）
青函ワールド
かつて東京港の羊蹄丸にあった
（旧グリーン座席）
後方甲板（舊小客車乘載甲板）
後部甲板
（旧乗用車積載デッキ）
船尾門
船尾扉
現在的船籍港為青森，
不過現役時為東京（國鐵）
船籍港は青森だが
現役当時は東京だった
（国鉄）
多用途大廳
（舊普通座位）
多目的ホール
（旧普通椅子席及び座席）
車輛甲板
車両甲板
舵
船舵
プロペラは撤去済
螺旋槳已拆除
ディーゼル機関車DD16
柴油機車DD16
エントランス
入口
各船によって意匠の違う
青函連絡船のシンボルマーク
青函聯絡船的標誌
每艘船的設計不盡相同
統括制御室
中央控制室
控車ヒ600
HI 600型貨車
メインエンジン
ディーゼル 1600馬力×8
主引擎
柴油引擎1600馬力×8
多目的ホール
（旧普通椅子席及び座席）
多用途大廳
（舊普通座位）

擁有悠久歷史的青函航線

提到國鐵的青函聯絡船最著名的創作，大概就是津輕海峽冬景色這首歌吧。青函聯絡船的歷史最早可追溯至1908年（明治41年），當時日本國有鐵道的前身帝國鐵道廳讓比羅夫丸服役於此，成為這條航線的開端（民間則早已存在函館青森航線了）。

當年的函館、青森2個港口都尚未建設完善的港灣設施，沒有可以靠岸的棧橋，想要運送乘客或鐵路貨物只能依賴小型船隻或駁船，鐵路列車更是完全無法載運。不過隨著1925年（大正14年）日本最早的鐵路渡輪翔鳳丸開始服役，這條航線才終於能夠運送鐵路列車。

即使在太平洋戰爭或1954年（昭和29年）的洞爺丸颱風中失去大量的船舶，但之後仍有許多聯絡船在此服役。隨著這條航線最終型號的客貨船（最終型號的貨船則是1977年的石狩丸）第二代津輕丸在1964年（昭和39年）開始服役，青函航線迎來了鼎盛時期，最多1天有30個船班往返於兩地之間。

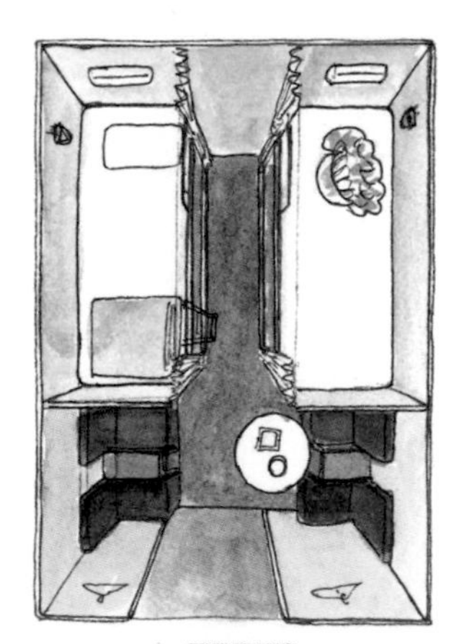

臥鋪室

可供4人使用的獨立艙房，床上放著折花毛毯。房內擺放了4人用床鋪與沙發，每艘船各有5間。單程1位大人在當年的費用是普通票價再加2400日圓。

然而不久航空業與渡輪航線網的發達使青函航線乘客趨少，到了1988年青函隧道開通，這段延續80年歷史的聯絡船航線終於落下帷幕。

這艘八甲田丸就是津輕丸型七姊妹中的二女兒，是歷代青函聯絡船裡運行最久的船隻，時間長達23年又7個月。

退役後的八甲田丸自1990年（平成2年）起保存在青森站北側的青函聯絡船第2岸壁遺址，以「青函聯絡船紀念船八甲田丸」的名義留存至今。

讓鐵道迷也很開心的船內

從青森站下車並往海邊的方向走，就能看到八甲田丸那鮮黃色的船身。可動橋上還保留著當初連接船與車站的鐵軌，從這裡望向她的船尾門，便彷彿回到當年她還現役時的情景中。

看著船腹青函聯絡船70週年的標誌，並從左舷的登船口進入後，先看到的是當年臥鋪室所使用的折花毛毯展示區，接著從一旁樓梯走上去，在原是綠色車廂的座位，有著從東京港的羊蹄丸移植部分過來，重現昭和30年代青森站周圍市街的展覽「青函世界」。經過播放著青函聯絡船展示片的迷你劇場、穿越青函世界後，就來到展示青函聯絡船模型和文件資料的青函聯絡船展示室。

在這個區塊的右舷部分展示了服役當時的部分綠色車廂指定座位，令人高興的是還能實際坐看看，體驗以往的高級座椅坐起來的感覺。遺憾的是普通座位中鋪地毯的大通鋪沒有保存下來。

再繼續往前走是插圖所畫的臥鋪室、船長室或社交會議室等艙室，上了樓梯便來到最上層的航海甲板。參觀完掌舵室和無線電通信室後，可以走到船身後方第1煙囪頂端的觀景台，整個青森港一覽無遺。煙囪內部也保留當時引擎室延伸出來的排氣管，喜愛船舶的粉絲絕對不容錯過。從掌舵室附近的電梯（保存時所設置）一口氣下到1樓的車輛甲板，這裡展示著當時國鐵的各式車輛，即使不是鐵道迷也會覺得很興奮。

雖然氛圍很像汽車渡輪上平時見慣的車輛甲板，可是此處的地板鋪設了4條鐵軌，這讓我重新認知到她的確是一艘鐵路聯絡船。由於在函館的摩周丸沒有公開展示車輛甲板，而且車輛甲板的展示本身在全世界都很罕見，所以來到這裡還請一定要來參觀看看。不過據說保存在此的車輛中，特急型氣動車KIHA82因安全上的理由，實際上在當年沒有搭過這艘船。除此之外像一般渡輪那樣把載著乘客的列車開進車輛甲板，然後再讓乘客下車直接去到樓上的客艙，這種做法在當年也是辦不到的。

從樓梯繼續往下走會來到第1主機室，這裡可以參觀8座主引擎的其中4座。之所以用多達8座的小型引擎來推動船隻，是因為車輛甲板在上方，而且天花板的高度又有限制，所以無法裝設大型的引擎；為了避免引擎出問題而導致休航或誤點，也是採用多個引擎降低風險的重要原因。

繼續往深處走去，就是比現代同等尺寸的船還寬敞很多的輪機控制室（中央控制室）和發電機室。

除了像上面這樣遊覽八甲田丸船內，這附近一帶也是開闊的公園，園內有戰沉聯絡船的紀念碑、八甲田丸在保存時被拆下來的螺旋槳以及津輕海峽冬景色的歌碑等等，是觀光出遊的好去處。若各位來到青森，還請一定要來走訪遊玩。

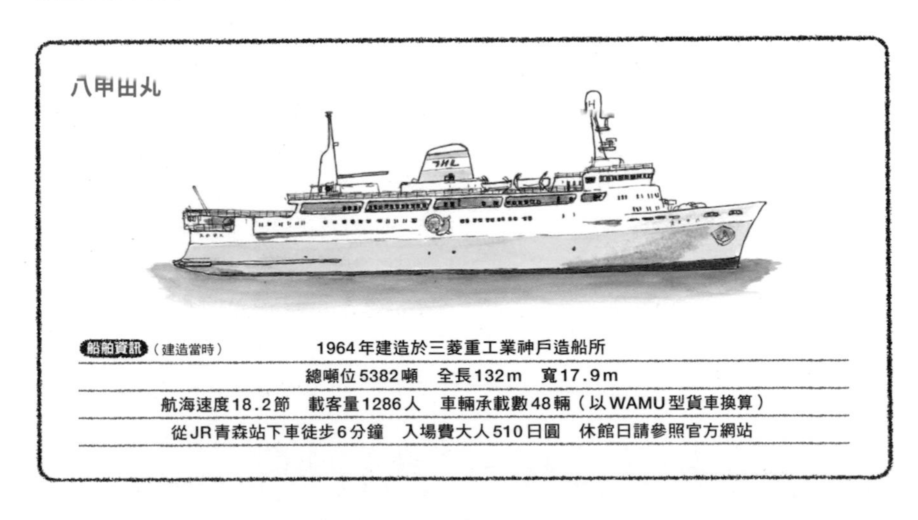

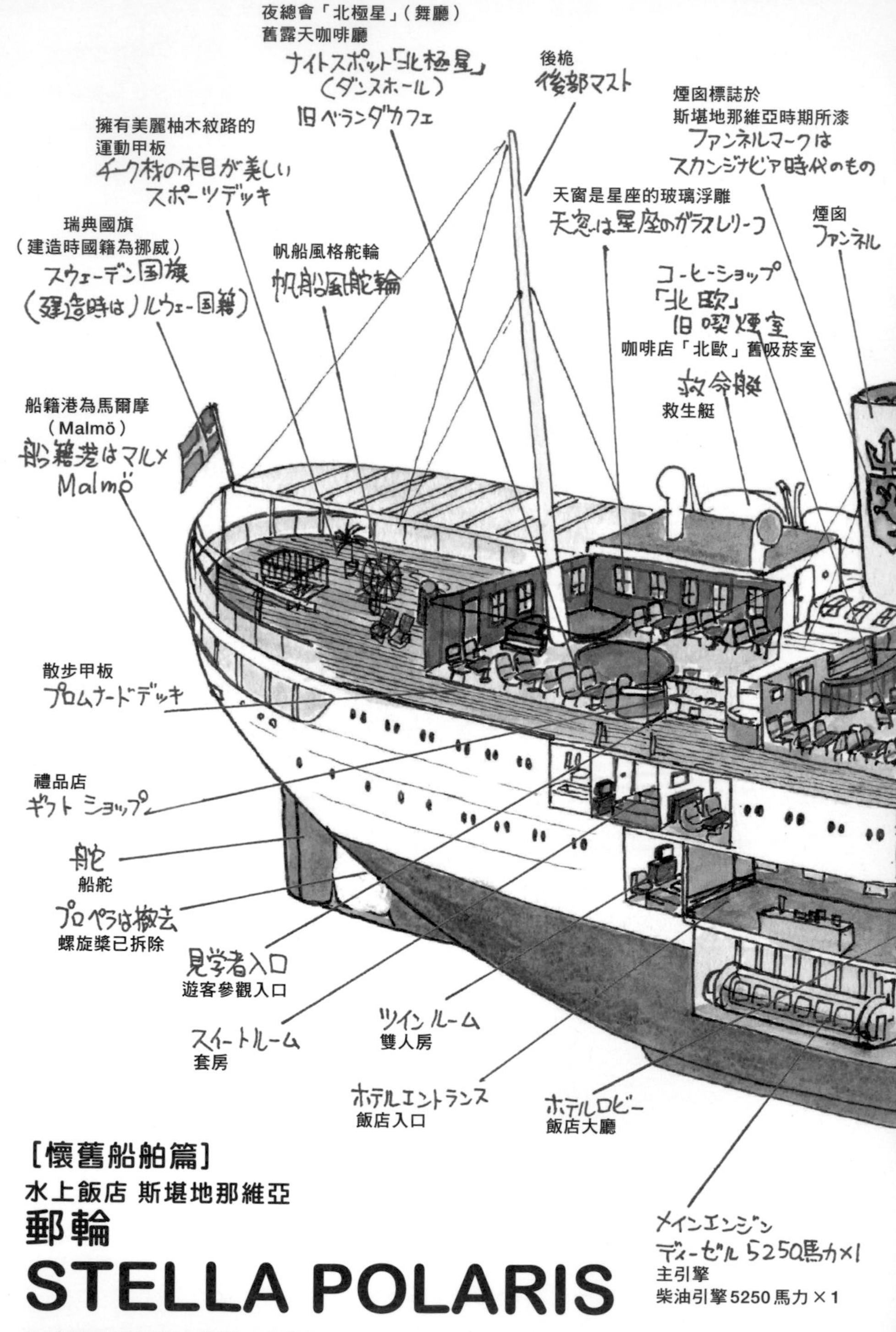

[懷舊船舶篇]

水上飯店 斯堪地那維亞

郵輪
STELLA POLARIS

生於北歐並來到日本的古典客船

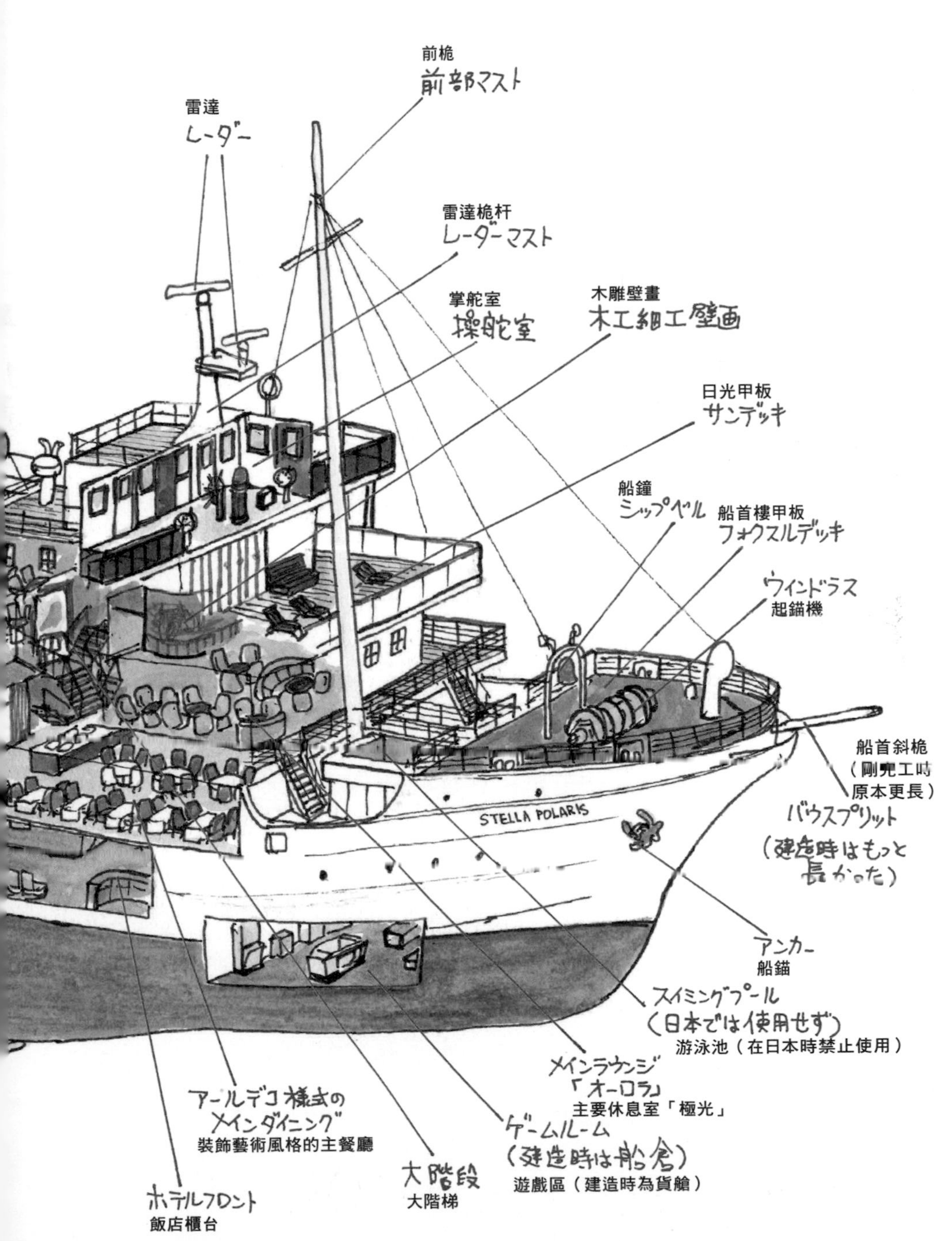

前桅
前部マスト
雷達
レーダー
雷達桅杆
レーダーマスト
掌舵室
操舵室
木雕壁畫
木工細工壁画
日光甲板
サンデッキ
船鐘
シップベル
船首樓甲板
フォクスルデッキ
ウインドラス
起錨機
船首斜桅
（剛完工時
原本更長）
バウスプリット
（建造時はもっと
長かった）
STELLA POLARIS
アンカー
船錨
スイミングプール
（日本では使用せず）
游泳池（在日本時禁止使用）
メインラウンジ
「オーロラ」
主要休息室「極光」
ゲームルーム
（建造時は船倉）
遊戲區（建造時為貨艙）
アールデコ様式の
メインダイニング
裝飾藝術風格的主餐廳
大階段
大階梯
ホテルフロント
飯店櫃台

現代郵輪的起源

在靈峰富士山正對面的駿河灣風平浪靜、景色優美，而在其最深處的沼津市南方、西浦的出海口，各位知道曾有一艘誕生於北歐的美麗客船在此停泊36年並向大眾公開展示嗎？

她的名字是STELLA POLARIS……這個拉丁語單字換成英語就是Polar Star，也就是北極星。

1927年，位於挪威的船舶公司向瑞典的造船廠訂購了一艘皇家遊艇型的小型客船；在那個說到客船幾乎都是在講定期航線船隻的時代，像這樣的郵輪是相當稀有的（關於此點眾說紛紜）。

乘客都是來自歐洲各國的上流階層，各個艙室都只有1等這個等級……社交室、吸菸室、大餐廳等公共空間中擺放的都是北歐的超高級家具，地板及牆壁也使用高級木材，船上的裝潢可說奢華至極。

服役後提供諸如壯麗的挪威峽灣或遨遊地中海等各種行程，冬季甚至還有環遊世界之旅，會前往溫暖的南半球並繞行地球一圈。

在這段時期，STELLA POLARIS在大洋上活躍的身姿可說華麗眩目、令人神往。然而第二次世界大戰爆發後，STELLA POLARIS被納粹德國接收，她被當成U型潛艇士官的休息設施和補給艦。幸運的是她最終免於戰禍，在二戰後回歸原本的船舶公司，德軍時期曾遭受損害的裝潢也修復到原本的樣子，再次以郵輪的身分服役。

退役……然後來到日本

在之後的1952年，STELLA POLARIS被賣給出生地瑞典的公司，並嘗試現代化改修增設游泳池跟舞廳等設施，但終究抵不過歲月的摧殘只能退役。不過就在1969年受到殷勤熱烈的邀請而來到遙遠的極東之國──日本。

來到日本後隨即前往橫濱的淺野造船所將螺旋槳拆除，改造成漂浮在海上的旅館，航行到沼津以「水上飯店　斯堪地那維亞」之名在1970年開張營業。

雖然斯堪地那維亞所在的位置離主要城區有相當距離，想要徒步前往絕非易事，不過幸好公路系統相當發達，有許多來自遠方的觀光客駕車前來只為一睹她的風采，當時的情況可謂熱鬧非凡。

我也曾在她開始營業1年後的夏天從沼津港坐聯絡船到最近的三津港，再徒步走到船的位置；她美麗的外表與雍容華貴的裝潢深深打動了我，心想「真不愧是歐洲的超一流客船啊！」。這段回憶至今仍然歷歷在目。

隨著時間流逝，附近建設起了隧道，使遊客不需經過她眼前的道路就可以走捷徑往來，客源也就此逐漸流失了。

在和歌山外海壯烈結束的生涯

雖然擁有斯堪地那維亞的企業因業務重組而將入不敷出的旅館部門裁撤掉，讓她能以海上餐廳的方式繼續經營，但到了2005年（平成17年）終究還是結束了所有營業內容，只能把她轉手賣出。

因為在當地長年深受愛戴，所以居民

在附近咖啡廳發起連署，希望能將她好好保存；雖然我也參與了連署，事與願違，1年後的2006年，她仍被賣給了瑞典的公司，卻在航行途中沉沒於和歌山潮岬外海，結束了79年的生涯。

我真的很喜歡這艘優美的船，每次為了水肺潛水或駕車兜風拜訪西伊豆時，回程我都會去看個幾眼，1992年（平成4年）時也如願上船住了一回。

那時的主餐廳採用的是一種稱為北歐式自助餐（Smörgåsbord）的傳統自助餐形式，餐點都是正統的北歐料理，吃起來美味又過癮。除此之外船上的北歐風高級家具、休息室裡施有雕花的窗戶、舞廳天花板的彩繪玻璃等等，任何一件事物都美不勝收。

解剖圖參考的是停泊位置附近發起連署的咖啡廳「海之舞台」中「STELLA POLARIS資料館」裡的資料，並憑藉自己過往的記憶所繪製的。可惜的是這並非郵輪時期的模樣，希望各位諒解。

從那次震撼日本的沉沒至今已經超過15年了，就在當地居民跟船舶粉絲逐漸淡忘她的存在時，這一帶成為了近年來人氣動畫作品的舞台，在動畫的音樂MV中甚至還有與她非常相似的船登場，讓斯堪地那維亞再次受到矚目。

若各位閱讀本書後對她產生興趣，還請造訪此地參觀，想像在這片壯闊的風景中曾有一艘美麗的船下錨在此，與人們共度了一段安好的歲月。

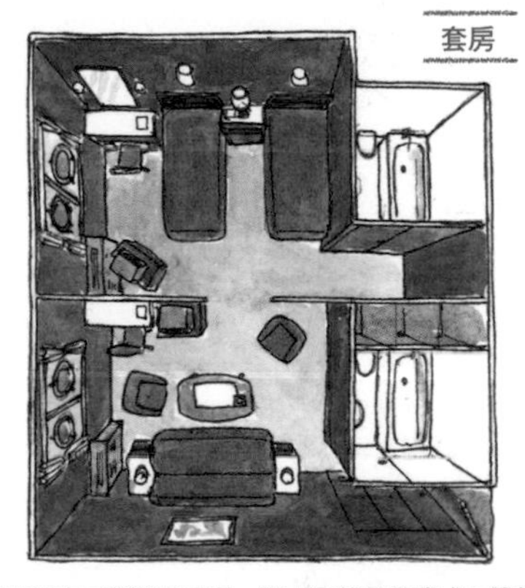

從配置有2間浴室來看，原本可能是要當成2間普通艙房使用的。我印象中浴缸應該是歐美風格的貴妃浴缸，可惜沒有照片可以印證。

1964年建造於三菱重工業神戶造船所

總噸位5056噸　全長130.4m　寬15.4m

航海速度15節　載客量200人　曾服役於世界各地的航線

乘坐由沼津出發的東海巴士並在木負東口站下車便能看見STELLA POLARIS資料館

採訪協力公司及團體（敬稱略）

特定非營利活動法人 青森港俱樂部
伊豆群島開發股份有限公司
股份有限公司磯前漁業所
井本商運股份有限公司
有限公司MC NETWORK（咖啡廳海之舞台）
岡山縣濟生會
鄂霍次克GARINKO TOWER股份有限公司
公益財團法人 海技教育財團
國立研究開發法人 海洋研究開發機構JAMSTEC
神奈川縣立海洋科學高等學校
股份有限公司共勝丸
熊本渡輪股份有限公司
一般社團法人 GLOBAL人才育成推進機構
股份有限公司神戶Cruiser
神戶Bay Cruise股份有限公司
JR九州高速船股份有限公司
Jumbo Ferry股份有限公司
商船三井客船股份有限公司
商船三井渡輪股份有限公司
神新汽船股份有限公司
股份有限公司新日本海洋社
股份有限公司Sealine東京
瀨戶內海汽船股份有限公司
太平洋渡輪股份有限公司
東海汽船股份有限公司
國立大學法人 東京海洋大學 明治丸海事博物館
獨立行政法人 海技教育機構
公益財團法人 日本海事科學振興財團 船之科學館
公益財團法人 日本海事廣報協會
日本郵船冰川丸
公益財團法人 帆船日本丸紀念財團
滋賀縣立琵琶湖浮動學校
雙葉汽船股份有限公司
一般社團法人 橫濱港振興協會
國際兩備渡輪股份有限公司
股份有限公司Royal Wing

參考文獻（敬稱略）

《スポットガイドBOOK 青森・函館》すぎおとひつじ著
《橘丸》西村慶明著 有限公司MODEL ART社
《南極観測船 宗谷》船之科學館導覽手冊
《にっぽん全国たのしい船旅》伊卡洛斯出版股份有限公司
《にっぽんの客船タイムトリップ》INAX出版
《氷川丸》日本郵船歷史博物館
《明治丸史》東京商船大學